北村 淳

巡航ミサイル1000億円で中国も北朝鮮も怖くない

JN262780

講談社+α新書
プラスアルファ

プロローグ——中国軍の対日戦略が瓦解した日

「つい最近までの日本自衛隊には、我が国土に対する報復攻撃を行う戦力はなかった。人民解放軍は、ホワイトハウスが本格的な軍事介入の決断をするまでは、ただ一方的に日本に対して攻撃を加えることが可能であった。したがって、軍事攻撃の可能性を突き付けることによって、我々の要求を日本政府に押し付けることができた。

しかし、状況が変わってしまった。アメリカの打撃力に頼りきっていた日本が、報復攻撃力を手にしてしまったのだ——」

中国共産党中央軍事委員会首脳全員を前に、中央軍事委員の一人である中国人民解放軍総参謀長による緊急報告がなされた。

「日本は我が国に対してどのような報復攻撃を加えることができるのか？」

中国共産党中央軍事委員会主席（すなわち国家主席）が怪訝《けげん》そうな顔つきで尋ねると、人民解放軍総参謀部第一部長が説明した。

「日本自衛隊は我が国土に対して、それも北京に対してまでも、多数の長距離巡航ミサイルを撃ち込む能力を持ってしまいました。

中央軍事委員の皆様がよくご存じのように、我が人民解放軍が手にしているもっとも効果的な対日恫喝《どうかつ》手段は、長距離巡航ミサイルと弾道ミサイルです。とりわけ長距離巡航ミサイルは、理論上はともかくも、現実的には効果的な防御手段が、日本にもアメリカにもそして我が国にも未だ存在いたしません。それゆえに、人民解放軍は大量の長距離巡航ミサイルを手にして、対日恫喝に役立てようとしているわけです」

総参謀長が補足した。

「だからこそ、日本国内の工作員や協力者たちによって、長距離巡航ミサイルのような他国に対する攻撃力を自衛隊が手にしないよう、『平和運動』を展開させてきたのです。

同様に、アメリカでもロビイストや反日分子に多額の金をばらまいて、連邦議会がトマホーク巡航ミサイルの日本への売却を許可しないような活動をさせてきた。残念ながら、日米の日本再軍備分子の反撃を抑えることができず、日本自衛隊は数百発のトマホークミサイルを極めて短期間のうちに装備し、現在もその数を増やし続けています……」

「日本のトマホークミサイルは人民解放軍にとって深刻な脅威となるのか？」

この国家主席の質問に、総参謀部第一部長が説明を再開した。

「日本が手にしているトマホークミサイルの倍以上の数の長距離巡航ミサイルを人民解放軍は保有していますし、日本攻撃用の弾道ミサイルも数百基保有しております。したがって、我が国と日本がまともにミサイルを撃ち込み合ったならば、当然、我が国が勝利を手にします。こういった意味では、日本のトマホークは人民解放軍にとっては深刻な脅威とはいえません」

これを聞いて国家主席は顔に安堵《あんど》の色をにじませたが、総参謀部第一部長はすぐにそれに水を差すような言葉を継いだ。

「……ところが、日本自衛隊が反撃する能力を持ってしまったがために、いままでは我がほうは日本を攻撃する準備をすれば事足りたのに、これまで不要だった防御態勢を厳重に固めることが必要となってしまいました。そして、長距離巡航ミサイルに対する防御態勢には、意外に多くの戦力を繰り出す必要があるのです。

さらに悪いことには、我が人民解放軍の早期警戒能力は日本自衛隊に比べると数段劣っており、トマホークの早期捕捉は至難《しなん》の業《わざ》というのが現状……日本自衛隊による北京攻撃のシミュレーションを、画像で見てください」

――海上自衛隊駆逐艦からトマホークミサイルが発射される場面、海中を潜航する海上自衛隊潜水艦から発射されたトマホークミサイルが海中から海面上空に舞い上がる場面、海面スレスレをトマホークミサイルが飛翔《ひしょう》するシーン、山林地帯の木々の上をグネグネと縫いながら飛翔するシーン、北京上空に超低空で接近するトマホークミサイル、共産党幹部邸宅に突入するトマホークミサイル……。

「……このように、我々が日本を攻撃したならば、間違いなく日本自衛隊は我々のオフィスや自宅をはじめ我が党、そして軍の中枢機関などをピンポイントで破壊するでしょう。我々が対日攻撃を実施する場合には、日本からの報復攻撃が実施されることを前提としなければならないのです。

また、自ら報復攻撃力を手にした日本自衛隊が反撃の口火を切ることになるため、アメリカとしても日本支援を口実に参戦しやすくなったと考えなければなりません」

引き続いて総参謀長が結論を述べた。

「そもそも人民解放軍が長射程ミサイルを大量に配備しているのは、ミサイル戦力を背景に日本などを軍事的に脅《おびや》かして、実際に我が人民解放軍のミサイル攻撃を被《こうむ》って壊滅的敗北を喫するはるか以前の段階で、もちろん理想的には攻撃開始以前の段階で、我が軍門に降《くだ》らせるためでありました。

ところが、日本自衛隊が中国に対して効果的な反撃を加えることができる攻撃力を手にしてしまった現在、我々が目論《もくろ》んでいた恫喝により日本政府を屈服させることは困難となりました。そして、実際に対日ミサイル攻撃を実施すると、我々自身が自衛隊ミサイルによって葬り去られる可能性がある状況となってしまった……人民解放軍総参謀部としては、対日戦略を抜本的に修正することを提議せざるをえません」

国家主席もうなずき、中国共産党中央軍事委員会緊急最高首脳会議を締めくくった。

「たしかに日本が手にした報復攻撃力そのものは強烈な戦力というわけではないようであるが、これまで長年にわたって日本自衛隊にはなかった我が国に対する反撃能力が誕生してしまったことは、我々の『戦わずして勝つ』戦略にとっては痛烈な打撃となってしまったようだ。

アメリカの連中が名づけた『短期激烈戦争』を突き付けて、日本政府を屈服させる基本構想は、もはや成り立たなくなったと判断せざるをえないようである。人民解放軍は、直ちに対日戦略を練り直す作業を開始しなければならない……」

＊＊＊＊＊

現実には（二〇一五年三月現在）日本には中華人民共和国に対してだけでなく、いかなる国に対しても海を越えて報復攻撃を実施する軍事力は存在しない（ゼロとはいえないものの、ほぼゼロに近い）。日本では、テレビドラマで有名になった「やられたらやり返す。倍返しだ！」などという台詞《せりふ》が流行《はや》ったにもかかわらず、国民の生命財産を保護し国家を存続させるための国防分野においては、日本が独力で「倍返し」することは不可能な状況が続いている。

しかしながら、やられたらやり返すための軍事力、すなわち報復攻撃力がなければ、たとえ敵の攻撃を防ぐことができても、敵が攻撃するのに疲れて引き揚げてしまうまで防ぎ続けなければならない。要するに「やられっぱなし」ということになる。

ただし、「日本には日米安全保障条約があるではないか」という人々が少なくない。これらの人々は、「たとえ日本自身が報復攻撃力を保持していなくとも、日本の防御力で敵の攻撃を防いでさえいれば、アメリカ軍が助けに来てくれて、彼らがやり返すことになっている」というふうに信じ込んでいるようである。

その結果、日本は防衛のために必要な軍事力の片面にしか過ぎない「防御力」しか保持せず、「報復攻撃力」がゼロに近い状態でも、平然として国家をやっていられる、というのである。まさに「アメリカは矛《ほこ》、日本は盾《たて》」というレトリックに頼りきっている点、これこそが、日本社会が「平和ボケ」といわれている最大の理由ということができる。

そもそも「防衛」のために莫大な税金を投入して軍事力を保持しなければならない究極の目的は、日本が外敵から軍事攻撃を仕掛けられたら「防御」するためではなく、「外敵が日本に対して軍事攻撃を実施するのを事前に思いとどまらせる」こと、すなわち「抑止」にある。

自衛隊が「防御」する段階に立ち至った場合には、いくら自衛隊が頑強に「防御」したとしても、日本国民の生命財産が何らかの損害を被《こうむ》ることは避けられない。したがって「防衛」の理想は「防御」ではなく「抑止」なのである。

そして、日米同盟のレトリックに頼りきった日本が「防御」のための軍事力しか持たないならば、いくら世界最強の防御力を持っていても、アメリカが助けに来てくれるまでは「やられっぱなし」の状態が続くことになってしまう。

日本を軍事攻撃しようと考える外敵にとっては、「やられたらやり返す」という軍事能力を持たない日本を攻撃する場合、アメリカが登場するまでのあいだは「やり返される」ことを考えに入れる必要はないため、軍事的には日本攻撃にさしたる躊躇《ちゅうちょ》はいらないことになる。

まさに「いじめられっ子をど突くいじめっ子」のようなものである。

そして、もしアメリカが日本を軍事的に支援する決断をして、日本の代わりに「やり返す」ということになった場合には、さっさと日本攻撃を止めてしまえばよいのである。

しかし、もし日本自身が、ほんの少しでも「やられたらやり返す」ための報復攻撃力を保持していたならば、もはや日本はいじめられっ子ではなくなる。外敵がうかつに日本に対して軍事攻撃を仕掛けたならば、日本が海を越えて、この外敵の急所に対して効果的な反撃を敢行するかもしれない。

この点に関していえば、一九五六年二月二九日、衆議院内閣委員会において船田中《ふなだなか》（国務大臣）氏が、鳩山一郎《はとやまいちろう》首相に代わり、以下のように答弁している。

「わが国に対して急迫不正の侵害が行われ、その侵害の手段としてわが国土に対し、誘導弾等による攻撃が行われた場合、座して自滅を待つべしというのが憲法の趣旨とするところだというふうには、どうしても考えられないと思うのです。

そういう場合には、そのような攻撃を防ぐのに万やむを得ない必要最小限度の措置《そち》をとること、たとえば誘導弾等による攻撃を防御するのに、他に手段がないと認められる限り、誘導弾等の基地をたたくことは、法理的には自衛の範囲に含まれ、可能であるというべきものと思います」

この政府の見解は、約六〇年経ったいまでも微動だにしない。

そして、日本が外敵に対して反撃を加えているときこそ、日本の同盟国アメリカにとっても、日本救援を口実にこの外敵に対して攻撃を加え、アメリカ自身の国益を伸長するチャンスということになる。少なくとも外敵の対日攻撃計画立案当局は、このようなシナリオを考慮せざるをえなくなる。

——つまり、抑止のメカニズムが作動することになるのである。

日本が「防御力」しか持っていない状態と、日本が「防御力」に加えて最小限度の「報復攻撃力」を保持している状況とでは、外敵に対する抑止効果という点では、雲泥《うんでい》の差が生ずることになる。

極言してしまえば、暴力によって勝敗を決してしまう軍事の根底に流れるメカニズムは、実はこのように単純なのだ。そして、「外敵からの武力攻撃を受けないためには、適正な報復攻撃力を待たねばならない」ということは、国防の鉄則なのである。

幸か不幸か、過去半世紀以上にわたり、日本に対する目に見える形での直接的な軍事攻撃は発生しなかった。そのため報復攻撃という「物騒《ぶっそう》」な仕事はアメリカに押しつけておいて、日本は「より平和的な感じのする」防御だけに専念すればよいという、国防の鉄則を踏み外したおかしな防衛思想がまかり通ってきた。

しかしながら、中華人民共和国はじめ、日本の隣国では急速に対日軍事的脅威が高まっているだけでなく、日本がすがりついてきたアメリカ自身が自ら「世界の警察官」であることを断念してしまった。その結果、日本の国防は過去半世紀とはまったく次元の異なる局面に移行しつつあると考えなければならない。

このような大変動に対応するには、アメリカの軍事力に全面的に頼り切る国防思想から脱却して、自主防衛の気概に立脚した国防思想へと転換しなければならない。

もちろん自主防衛といっても、一国だけで自国を防衛できる国家など、現代国際社会には存在しない。超軍事大国のアメリカとても例外ではない。

日本にとっての自主防衛とは、アメリカをはじめとする同盟国や友好国との密接な連携を捨て去るわけではなく、まず第一義的には日本自身の防衛力で外敵の軍事的脅威に対抗し、その防衛力を補うために、あるいは防衛力が深刻な打撃を受けた際に、同盟国や友好国の支援を受ける、という基本方針を意味する。

——日本が自主防衛力を構築する第一歩は、「防衛力」を構成する「防御力」と「報復攻撃力」のうち、これまで日本が意図的に持とうとしてこなかった「報復攻撃力」を構築することである。

報復攻撃力を持ったからといっても、それを使用するために保持するわけではない。あくまで報復攻撃力は、それを持つことによって外敵に日本への攻撃を躊躇《ちゅうちょ》させるためにある。しばしば政府による国会答弁で「差し迫った場合には法理上は先制攻撃も許される」とされているが、そのような攻撃力以上に報復攻撃力は、万々が一の場合にしか牙《きば》をむかない防衛に徹した打撃力なのである。

もちろん、これまでほとんどゼロに等しかった報復攻撃力を保有するといっても、短期間に極めて強力なものを手に入れることは至難《しなん》の業《わざ》。したがって、量的には小さな「とりあえずの抑止力」を構築する作業から開始せざるをえない。

ただし、「とりあえずの抑止力」といえども、質的に効果的な攻撃が期待できる戦力であるならば、これは少数精鋭の報復攻撃力となり、十二分に抑止効果が期待できる。それは冒頭で描いた中国国家主席の発言の通りである。

本書では、現在日本が直面している最大の軍事的脅威は何か、それを明らかにするとともに、その軍事的脅威が実際に発動されないように抑止するために、日本自身が可及的速《かきゅうてきすみ》やかに手にしなければならない「とりあえずの抑止力」を明確に提示したい。

なお本書では、日本・アメリカ・中国の軍艦呼称の整合性をとるために、海上自衛隊の軍艦艦種も、国際スタンダードに従って表記している。

巡航ミサイル一〇〇〇億円で中国も北朝鮮も怖くない◉目次

第三章　対北朝鮮ミサイル防衛の実力

第四章　中国が仕掛ける「短期激烈戦争」

第五章　受動的ミサイル防衛の罠

第六章　対中朝「敵基地攻撃」の結末

第七章　トマホークに弱い中国・北朝鮮

第一章　中国軍が日本に侵攻する一六ステップ

実戦シミュレーション①原発攻撃と船舶の航行妨害

——「プロローグ」の緊急会議より二年前。

中国共産党中央軍事委員会首脳会議の席上で、中央軍事委員会主席すなわち国家主席が尋ねた。

「我が海洋権益確保のための自衛戦略に呼応して、日本は再軍備を進めようと画策している。そして、自らの軍事力低下を挽回するために同盟国の軍備強化を後押ししているアメリカも、日本の再軍備には何ら異を唱えていない。そこで明確にしておきたいことは、我が人民解放軍の活動にとって日本はどの程度の障碍《しょうがい》となりうるのか、という点である」

中国人民解放軍総参謀長が即答した。

「たしかに反動的な日本政府は軍事力強化路線を打ち出しています。そして、軍艦や航空機などの調達も進められ、アメリカにそそのかされて水陸両用能力の構築にも着手したようです。なによりも集団的自衛権を行使できるようにし、ますますアメリカの手先となって動き回ろうとしています。日本の親米反動分子は、それによって日米同盟が強化されるものと信じているようです。

しかしながら、集団的自衛権の行使にせよ、日米同盟の強化にせよ、武器輸出の解禁にせよ、方針は打ち出されているものの、実効的な軍事力強化には未だ結びついていません。とりわけ、わが人民解放軍と外交部が打ち出している効果的な対外政策や、人民解放軍のミサイルや艦艇それに航空機の飛躍的な戦力強化状況と比べると、日本の軍備増強などは『掛け声だけで中身を伴っていない』といっても過言ではありません。

もちろん、日本救援を口実にアメリカが『中米戦争』覚悟で本格的軍事介入を実施した場合には、日米同盟軍は極めて深刻な脅威になります。しかしながら、アメリカ政府もそこまで馬鹿ではない。要するに、我が党の海洋戦略と人民解放軍にとっては、未だに日本は単独では脅威となり得ません」

「日本が軍事的脅威ではない理由を具体的に、そして簡明に説明することはできるのか？」

――この国家主席の質問に対し、人民解放軍総参謀部第一部長が立ち上がった。

「一言でいうと、日本自衛隊の戦力は日本の領域が侵略された場合に外敵侵攻軍に対して頑強に抵抗し、アメリカ軍の救援を待つことを主眼にして整備されています。したがって、日本の領空、領海、そして領土に侵入しない限り、日本自衛隊が人民解放軍に対して何らかの攻撃を仕掛けてくる恐れはありません。そして、人民解放軍がそのような侵攻をしたとしても、日本侵攻軍は自衛隊の反撃を食らうものの、我が国土が日本自衛隊によって報復攻撃されることはあり得ません。もちろん、ここ北京は一〇〇％安全です」

総参謀部第一部長は自信満々に続ける。

「一方、我が人民解放軍は、日本領域に攻め込まなくとも日本を攻撃する能力を有しております。もちろん核弾道ミサイルはその筆頭ですが、あくまで核はアメリカへの備えであって、日本に対して使う必要などさらさらありません。非核高性能爆薬弾頭が搭載してある弾道ミサイルと長距離巡航ミサイルだけで、日本の息の根を止めるほど徹底的に破壊することは可能です。

たしかに日本の地形は我が海軍が太平洋に進出するにあたってはイマイマしい不沈空母とみなせますが、放射能汚染攻撃については、我が国にとって日本は理想的な位置に横たわっているといえます。どういうことかといいますと、もし日本列島で極めて大規模な放射能汚染が発生した場合でも、偏西風の影響により、その汚染は我が大陸には拡散しにくいということです。

軍事的には極めて愚かなことに、日本の原子力発電所の半数以上が日本海側、すなわち偏西風の風上に位置しております。軍事優先主義者と非難される学者などが警告しているにもかかわらず、それらの原子力発電施設は、ミサイル攻撃には無防備な状態です。したがって、我が軍の各種ミサイルによって日本各地に点在する原発の制御施設や使用済み核燃料貯蔵プールなどに攻撃を加えれば、たちどころに日本列島は放射能汚染列島と化してしまうことは、福島第一原発事故の例を見れば、子供にでも容易に想像がつく事態です」

「なるほど、ご丁寧にも日本は、自ら核自爆兵器を用意して破滅を待っているようなものだな」——国家主席がにやりと笑うと、総参謀部第一部長は大きくうなずいた。

「そのとおりです。もちろん日本全体を放射能汚染列島にしなくとも、一部の地域を大規模汚染地帯にしてしまうだけで、日本の経済的・精神的負担は計り知れないものになります。そしてなにより重要なのは、そのような状況に立ち至ったとしても、日本には我が国土に報復攻撃を加えることができないということです」

「要するに、日本はやられっぱなしということだな」——国家主席は満足そうに腕を組み、あごをしゃくって総参謀部第一部長に先を促した。

「アメリカが日本に代わって報復を実施しない限り、日本はなにもできません。アメリカとしても、中米戦争の危険を冒《おか》してまで、日本のために血を流す余裕はないと考えるのが至極妥当《しごくだとう》です。

ミサイル攻撃以外にも、南シナ海やインド洋、それにフィリピン海などで、日本へ原油や液化天然ガスを搬送する船舶の航行を妨害することも、至って容易です。日本自衛隊には、それらの遠洋に出動して自国の貿易活動を軍事的に保護するだけの余裕はありません。

もちろん、アメリカが『公海の自由航行』を振りかざして拳《こぶし》をあげるでしょうが、アメリカに直接関係する船舶が妨害されない限り、口先だけのことに過ぎません。特に南シナ海は、いまやアメリカにとっては安全な海とはいえません」

「ようくわかった。要するに、日本が自衛にこだわっている限りは、日本自衛隊はやられっぱなしのかわいそうな軍隊であって、我々は安全ということだな」

……国家主席は残忍そうに口元を歪めて笑った。

＊＊＊＊＊

日本が直面する軍事的脅威の実態

古今東西いかなる国にとっても、軍事力を行使することは、財政的負担と国際政治的リスクを伴う。そのようなマイナス要因を補って余りある国益を確保するために軍事力が行使されるわけである。したがって、日本に対して軍事力を敵対的（軍事力を背景にした威嚇《いかく》や実際の軍事攻撃）に使用するには、特別な動機と強い国家意思が必要なことはいうまでもない。

このような程度に価値のある国益とは、（一）国家主権に密接に関わる領土・領域等の紛争である場合、あるいは（二）宗教ならびにイデオロギー上の妥協を許さない程度の対立である場合、が圧倒的に多いことが経験的に知られている。

幸いなことに現在、日本は、他国あるいは特定勢力と極めて深刻なレベルの宗教的・イデオロギー的対立を抱えてはいないため、このような理由により外敵から軍事的脅威を受ける恐れはない。

しかしながら、国家主権に関わる紛争は少なからず抱えており、「国家主権紛争表」（次頁の図表1参照）に示したように、それらの紛争の多くは、通常の国家ならばすでに軍事力の行使に至っている程度に深刻である場合も少なくない。

幸か不幸か、過去半世紀以上にわたってアメリカの「軍事力の傘」の庇護下《ひごか》に置かれてきたこと、日本国憲法第九条の存在、そして何よりも、日本政府、国会、そして大多数の国民の無気力や無関心により、これほど深刻な国家主権への脅威を被っていても、日本では軍事力の行使という発想すら公には生じていない。

図表1　国家主権紛争表

<table>
<tr><th>敵対国</th><th>日本の国家主権
侵害の態様</th><th>主権
侵害度</th><th>軍事紛争勃発条件</th><th>対日攻撃手段</th><th>紛争
勃発度</th></tr>
<tr><td rowspan="2">中国</td><td>尖閣諸島領有権紛争</td><td>B</td><td>中国の決断による</td><td rowspan="2">核弾道ミサイル
非核弾道ミサイル
非核巡航ミサイル
航空機襲撃
シーレーン妨害
侵攻</td><td>A</td></tr>
<tr><td>東シナ海日中中間線確定紛争</td><td>C</td><td>中国の決断による</td><td>B</td></tr>
<tr><td>北朝鮮</td><td>日本国民拉致</td><td>A</td><td>日本の報復攻撃
日本の軍事的奪還行動</td><td>非核弾道ミサイル</td><td>C</td></tr>
<tr><td>韓国</td><td>竹島占領</td><td>A</td><td>日本の軍事的奪還行動</td><td>非核巡航ミサイル</td><td>C</td></tr>
<tr><td>ロシア</td><td>北方四島占領</td><td>A</td><td>日本の軍事的奪還行動</td><td>核弾道ミサイル
非核巡航ミサイル
航空機襲撃
侵攻</td><td>C</td></tr>
</table>

ただし、日本にとって深刻な国家主権の問題は、対立相手国にとっても深刻な国家主権上のトラブルであるため、当然ながら軍事力行使というオプションが使われる可能性が高いと考えられる。

「国家主権紛争表」に示されているように、北方四島と竹島はすでに占領されており（Aランク）、完全に日本の国家主権が侵害された状態が続いている。しかし、これら二つの係争地を巡って軍事紛争が勃発する脅威度が低いのは、日本が自ら軍事力を行使（軍事的威嚇《いかく》あるいは軍事攻撃）しない限り、ロシアや韓国が日本に対して軍事力を行使する恐れは存在しないからである。

つまり、北方四島や竹島に関して、憲法第九条に制約された屈服的な対外姿勢による均衡状態が続く限り、日本が軍事的脅威を被ることは避けられる。ただし、日本のそれら領土と周辺領海に対する国家主権は、絶対に回復できない。

このように、ロシアや韓国との軍事的緊張を高めるか否《いな》かに関しては、日本側に選択権があるという点で、本書で論じる中国や北朝鮮による軍事的脅威とは異質ということになる。

その北朝鮮であるが、すでに北朝鮮自身も認めているように、北朝鮮国家機関によって多数の日本人が拉致《らち》されており、すでにこの事実をもって日本が北朝鮮に対して何らかの軍事的報復を実施しても、国際社会は少しも疑問に思わない状況である。

ただ、平和愛好国家であり、海を越えて外国領土への軍事攻撃をする能力をほとんど持ち合わせていない日本だからこそ、多数の国民が日本から北朝鮮に連れ去られても、報復攻撃一つせずに、外交交渉だけに解決を委《ゆだ》ねているという状況なのである。

このような状況にある北朝鮮と日本の間では、国際軍事常識では、どちらが軍事力を行使しても決して不思議ではない。ただし、日本は北朝鮮を攻撃する軍事力をほとんど保有していないため、日本が先制的に北朝鮮に対する軍事攻撃を仕掛けることはありえない。

反対に、北朝鮮は対日攻撃が可能な弾道ミサイル戦力を保持しており、攻撃しようと思えばいつでも攻撃可能な状態である。そして、本書で述べるように、北朝鮮支配層が第二次朝鮮戦争に踏み切る際には、高い確率で対日攻撃が実施されるものと考えられる。

一方、日本と中国の間では、尖閣《せんかく》諸島の領有権と東シナ海の日中中間線を巡る国家主権の対立が、軍事紛争の引き金になる可能性は低くない。

尖閣諸島の領有権に関しては、現在のところ日本が施政権を行使しているという形をとっており、アメリカ政府も一応は日本政府の言い分を支持してはいるものの、領有権そのものについては中立的立場を維持している。

そして日本政府も、尖閣諸島を実効支配していると主張しているにもかかわらず、実際に防衛施設を配備するどころか、何の政府機関も設置していない。確固たる領有権を内外に示すには手ぬるい姿勢が続いている。

このような日本政府の態度に挑んでいるのが中国であるため、たとえ日本側が軍事行動を自重《じちょう》していても、場合によっては挑発から何らかの軍事攻撃へとエスカレートする事態も、十分に想定することができる。

実際に中国は、本書で述べるように、「短期激烈戦争」という周辺諸国に対する決定的な軍事攻撃を実施する能力の強化に邁進《まいしん》しており、日本政府国防当局は、この戦争への準備を万全にしておく義務がある。

中朝の対日軍事的脅威の類型

本書では、CBRN攻撃（化学兵器、生物兵器、放射能兵器、核兵器による攻撃）、あるいはテロリズムやサイバー攻撃は取り扱わない。そのため、通常兵器による国家間の軍事紛争に限定して議論を進めることとなる。

このような軍事攻撃手段に限定した場合、中国ならびに北朝鮮から日本が被る可能性がある軍事的脅威を大きく類型化すると、以下の七つのカテゴリーに分類することができる。

■カテゴリー1：艦艇による接近襲撃（中国）
■カテゴリー2：シーレーン航行妨害（中国）
■カテゴリー3：航空機による接近襲撃（中国）
■カテゴリー4：特殊部隊による侵入襲撃（中国・北朝鮮）
■カテゴリー5：島嶼《とうしょ》侵攻（中国）
■カテゴリー6：本土侵攻（中国）
■カテゴリー7：長射程ミサイル攻撃（中国・北朝鮮）

ただし、これらのカテゴリーの多くは、以下に述べる理由によって単独で実施される可能性は極めて少なく、単独でも他のカテゴリーの一部としてでも用いられる攻撃形態は、なんといっても長射程ミサイル（弾道ミサイル、長距離巡航ミサイル）攻撃ということになる。

艦艇による接近襲撃の損害は

軍艦（水上戦闘艦、潜水艦）で日本領海に接近あるいは侵入して、日本領内の地上目標（軍事施設、発電所、石油関連施設など）、日本沿岸域や港湾内の自衛隊艦艇、漁船、貨物船などを攻撃する。あるいは、日本領海内に貨物船や漁船などに擬装した機雷敷設艦を送り込み、海上自衛隊の航路や海上交通の要所に機雷を設置して、日本を混乱に陥れる。中国人民解放軍海軍は、このような攻撃を実施するための軍事力を保有している。

「艦艇による接近襲撃」は、大航海時代と呼ばれる帆走《はんそう》軍艦に大砲を装備していた時代から実施されていた敵対国を攻撃する方法であり、航空機が登場するまでは、海を挟んだ敵対国を攻撃するための主たる手段であった。

しかし、警戒監視システムが発達した現代においては、「艦艇による接近襲撃」を他の攻撃方法と組み合わせず単独で実施することは、極めて効率が悪くなっている。なぜならば、上空、海上、海中、地上、そして場合によっては宇宙空間から、海洋を行き交う軍艦は様々な装置を用いて監視されており、敵対国の領海内に接近する以前に発見されてしまう可能性が大きいからである。

ただし超小型高速艇のように、高性能レーダーによってもなかなか発見されにくい軍艦もあるが、そのような超小型高速艇には地上目標に大きな損害を与えられるだけの兵器を積載することができない。

また、潜水艦も警戒監視網を突破できる可能性を持っているが、沿岸海域に接近して攻撃を実施した場合には、日本側の対潜防衛網にかかってほぼ間違いなく撃破されてしまうため、潜水艦による対日地上目標攻撃は、事実上、はるか遠洋の海中から長距離巡航ミサイルを発射する方法しかない。

この長距離巡航ミサイル攻撃は、潜水艦から発射されるものにかぎらず、遠方の水上戦闘艦からも実施可能であり、「艦艇による接近襲撃」と同様、あるいはそれ以上の攻撃効果を期待できる。そしてこの方法なら、なんといっても攻撃を実施する艦艇の損害を回避できる。

したがって、攻撃側も甚大《じんだい》な損害を被るおそれのある「艦艇による接近襲撃」は、現代では、遠洋からの長距離巡航ミサイルによる攻撃に取って代わられている。

中国人民解放軍海軍による対日軍事攻撃では、「艦艇による接近襲撃」は、本土侵攻あるいは島嶼侵攻の一部として実施される場合はあるものの、日本側の防衛力が健在な間は、単独で実施されることはほぼあり得ない。

艦艇による接近襲撃への防御は

日本領海に接近する外敵の艦艇に対する自衛隊の警戒監視システムと、発見した外敵の艦艇を撃破するための自衛隊の対艦攻撃システムは、極めて高水準である。

海上自衛隊の水上戦闘艦、潜水艦、対潜哨戒機《しょうかいき》、対潜ヘリコプターは、警戒監視システムと対艦攻撃システムの双方を兼ね備えており、この他にも海上自衛隊は各地に設置した海洋監視レーダーにより、地上から海洋上を行き交う艦艇の動向を監視している。

海上自衛隊の警戒監視システムで捕捉した敵艦艇は、海上自衛隊自身の艦艇や航空機により攻撃するのみならず、航空自衛隊とのデータリンクにより、空自の攻撃機によっても攻撃することができる。

陸上自衛隊も独自の対艦攻撃能力を保有している。陸自の地対艦ミサイル連隊がこれであり、日本沿海に接近してきた敵艦艇をレーダーシステムで捕捉しつつ、対艦ミサイルを発射して撃破するのである。

残念ながら、現状では、この強力な地対艦ミサイル連隊が中国艦艇の接近に備えた形で前線に配置されてはいないが、陸自の地対艦ミサイル連隊を戦術的要地に適宜《てきぎ》配置することになると、極めて強力な対艦防衛網ができあがることになる。

このように日本は、海上自衛隊、航空自衛隊、陸上自衛隊が、接近してくる敵艦艇に対して、高度な警戒監視システムならびに強力な対艦攻撃システムを、幾重にも張り巡らせている。

高水準な日本側の防衛態勢により

中国人民解放軍海軍が日本領海に接近・侵入して地上目標に対する攻撃を実施する場合、海上自衛隊の艦艇や航空機による警戒監視網をくぐり抜け、また地上レーダーの監視網をくぐり抜け、場合によっては海自の艦艇、航空機、攻撃機による対艦攻撃をかわし、かつ沿岸域に接近してからも陸上自衛隊の対艦攻撃システムの脅威をかいくぐって、ようやく地上目標に対する攻撃が実施できることになる。

したがって、中国人民解放軍が自軍を安全な状態に保ちながら艦艇を沿岸に接近させて地上目標を攻撃するには、海上自衛隊の艦艇や航空機それに地上レーダーを撃破し、航空自衛隊の攻撃機の出動を阻止し、陸上自衛隊対艦レーダー部隊を沈黙させたあとに、日本領海に接近する必要がある。

つまり、数多くの対日攻撃方法を駆使しなければ、効果的な「艦艇による接近襲撃」はなしえず、こうなるともはや「艦艇による接近襲撃」ではなく「日本領土への侵攻」のレベルになってしまう。

以上のように、日本側の対艦警戒監視態勢と対艦攻撃態勢が極めて高水準なため、中国人民解放軍にとっては、「艦艇による接近襲撃」を単独で用いることは愚策ということになる。

ということは、「艦艇による接近襲撃」によって日本に損害を与える代わりに、他の手段をとる必要がある。すなわち対日軍事攻撃においては、伝統的な「艦艇による接近襲撃」は「長射程ミサイル攻撃」にその座を譲ったのである。

シーレーン航行妨害で日本は

古来より、とりわけ西洋では、敵対する国の海上輸送路を遮断《しゃだん》して、敵の経済活動に打撃を与えることが、戦時には付き物であった。戦時でなくとも、国家公認の海賊行為によって敵の船を襲撃し、通商活動を妨害することは、しばしば行われていた。このような敵の襲撃から通商に従事する船舶を護衛し、同時に敵の通商活動を破壊するために発達したのが、近代海軍の前身である。

その伝統は海軍戦略において脈々と受け継がれ、ヨーロッパでは第一次世界大戦でも第二次世界大戦でも、ドイツ海軍はアメリカからイギリスへの海上補給を遮断するために全力を尽くした。

また、第二次世界大戦の太平洋戦域では、アメリカ海軍が、太平洋の多数の島々に設置した日本基地を孤立させるため、日本本土とそれらの島々との間に張り巡らされた海上航路帯(シーレーン)を徹底的に破壊し、日本軍を敗北へと導いた。

天然資源小国の日本は、石油や天然ガスといったエネルギー資源のほぼすべて、鉄鉱石やアルミ鉱石をはじめとする工業用資源の大半、それに加えて農産物や水産物といった食料や牧畜用飼料、木材にいたるまで、幅広い資源・物品を輸入に依存している。それら日本国民の生活と経済活動を支える輸入品のほとんどは、船舶によって世界各地からシーレーンと呼ばれるルートを経て、日本にもたらされている。

世界各地と日本を結ぶシーレーンは多数あるが、とりわけペルシャ湾と日本を結び、原油ならびに天然ガスをもたらすオイル・シーレーンは、日本にとっては「海の生命線」ともいえる、極めて重要なシーレーンである。

このオイル・シーレーンは、ペルシャ湾からインド洋を横切ってマラッカ海峡を通過し、シンガポールを回りこんで南シナ海に入る。そして南シナ海を北上して、台湾とフィリピンの間のバシー海峡を太平洋に抜けて、日本各地の石油コンビナートへと向かう。中東やアフリカからの原油のみならず、東南アジアから日本にもたらされる原油も、基本的にはこのシーレーンの南シナ海以北の部分を航行することになる。

つまり、日本に向かう原油を積んだタンカーの大半は、南シナ海を通過しなければならない。それに加えて、日本に向かう天然ガス運搬タンカーの多くも、南シナ海を航行しなければならない。

もし日本と中国の間で戦争が勃発《ぼっぱつ》したとしよう。中国は、海軍力と航空戦力（それも自衛隊と交戦するような新鋭艦艇や航空機ではなく旧式戦力でもよい）を南シナ海に投入して、日本に原油や天然ガスを運搬するタンカーの航行を遮断することができる。

それに対して自衛隊は、南シナ海に艦艇や航空機を派遣して中国海軍や空軍と戦闘を交えながら日本に向かうタンカーを保護するだけの戦力を保持していない。つまり、戦時において中国は、容易に日本のシーレーンを断ち切って、日本に原油や天然ガスが届かないようにすることができるのである。

このようなシーレーン妨害を、軍事力で除去できるのは、自衛隊ではなくアメリカ海軍ということになるが、そのためには当然のことながら、アメリカ政府が米中戦争をも覚悟したうえで、日本に対する全面的な軍事支援に踏み切るという政治的決断が必要となる。

それだけではなく、近い将来には、南シナ海での米中軍事バランスも単純にアメリカ優位とはいえなくなるのは確実であり、アメリカがそのような決断をなすのかは、ますます微妙な状況になる。そして、たとえ対日軍事支援に踏み切っても、南シナ海で中国海軍・空軍を蹴散《けち》らすことができるかに関しても、容易ならざる状況となっている。

中国による日本のシーレーン遮断は、それだけでは対日軍事攻撃手段として有効とはいえない。というのは、南シナ海を通航できなくなったタンカーは、フィリピン海から西太平洋を経由して、日本に到達することができるからである。

もちろん、この場合には原油や天然ガスの価格が上昇し、長期にわたってこのような状況が続くと、日本経済にも大打撃となる。しかしシーレーン妨害は、それだけで中国の対日要求を日本政府に受け入れさせるという、強烈な軍事的威圧にはなりえない。

とはいうものの、他の対日軍事攻撃、とりわけ日本本土に対する本格的軍事侵攻に際して、南シナ海での日本の「海の生命線」を遮断して、日本への原油や天然ガスの供給を一時的にストップさせたり、迂回《うかい》航路の通過を余儀なくさせたりするシーレーン妨害能力を中国が手にしていることは、日本に対する強大な軍事的優位を意味している。

航空機による接近襲撃の戦果

航空機（戦闘機、攻撃機、爆撃機など）によって日本領空に接近あるいは侵入して、日本国内の地上目標（軍事施設、発電所、石油関連施設など）、日本沿岸域や港湾内の自衛隊艦艇、漁船、貨物船などを攻撃する。

かつて第二次世界大戦中には、日本本土周辺空域の支配能力（制空権）を日本軍が失ってしまったため、アメリカ軍爆撃機や戦闘機が日本本土に来襲し、地上目標に対する爆撃を実施した。日本の交戦能力と国民の戦争継続意思を破壊するために、軍事目標以外の都市部などに対する大規模な無差別爆撃も実施され、戦闘機による民間人に対する低空からの機銃掃射まで実施された……。日本軍の防空能力がほぼ無力化されてしまった結果、最終的には広島と長崎に対する無差別原爆攻撃まで許すことになってしまった。

現代においては、第二次世界大戦やベトナム戦争での航空襲撃で用いられた無差別的な爆撃は、軍事的コストパフォーマンスが悪いだけでなく、国際世論もあってほとんど実施されず、精密誘導爆弾やミサイルにより攻撃目標をピンポイントで破壊する精密攻撃が主流となっている。

しかし、「艦艇による接近襲撃」と同様、警戒監視システムが発達した現代においては、「航空機による接近襲撃」を単発的に実施することは、極めて効率的ではなくなってしまっている。

なぜならば、上空、海上、海中、地上、そして場合によっては宇宙空間から様々な装置を用いて、領空のはるか外側に設定されている警戒空域（防空識別圏ＡＤＩＺ）に接近して来るすべての中国人民解放軍航空機は、厳重に監視されており、日本領空に接近する以前に、そのほとんどすべてが発見されてしまうからである。

また、上述したように、航空襲撃に似通った攻撃効果を期待できるうえに攻撃側自身の損害を回避できる各種長射程ミサイルの発達に伴い、攻撃側も多大な損害を被るおそれのある「航空機による接近襲撃」は、「長射程ミサイル攻撃」に取って代わられつつある。

したがって、中国人民解放軍の対日軍事攻撃において「航空機による接近襲撃」は、本土侵攻あるいは島嶼侵攻の一部として実施される場合はあるものの、単独で実施するには極めて効率が悪い方策と考えられる。

航空機に対する日本の対処能力は

日本領空周辺空域に接近する外敵の航空機に対する自衛隊の警戒監視システムと、発見した敵航空機を場合によっては撃破するための対空防衛システムは、質的には極めて高水準である。

そもそも航空自衛隊の主たる任務は、敵航空機をできるだけ早期に発見して日本領空に近づけさせないことにあるため、空自は日本の領空周辺をくまなく警戒監視するための高性能の警戒監視航空機と地上レーダーシステムを運用している。また、発見した敵航空機を迎撃《げいげき》するための戦闘機も相当数揃えている。

さらに空自は、航空基地防空用だけでなく、より広域を防衛するための対空ミサイルシステムも保有し、接近してきた敵航空機への備えを固めている。

航空自衛隊だけでなく陸上自衛隊も、基地周辺や部隊を空襲から防御するための短距離対空ミサイルシステムと、より広域の防空対策としての中距離対空ミサイルシステムを配備している。

また、海上自衛隊の水上戦闘艦の多くは、高度な上空警戒監視システムと対空攻撃システムの双方を兼ね備えている。軍艦の防空システムは主として、自艦あるいは艦隊を敵航空機の攻撃から防衛するために装備されているが、日本領空に侵入を企てる航空機にとっては、海上からの接近を探知する海自艦艇の防空システムは、大きな脅威となる。

このように日本は、航空自衛隊、陸上自衛隊、海上自衛隊が、接近してくる敵航空機に対して、高度な警戒監視システムと強力な対空攻撃システムを幾重にも張り巡らせているのである。

中国軍機の日本侵攻の可能性

中国人民解放軍の航空機が日本領空に接近・侵入して地上目標に対する攻撃を実施する場合、航空自衛隊の航空機や地上レーダーシステムによる警戒監視網や、海上自衛隊の艦艇の防空レーダーをくぐり抜け、空自戦闘機による迎撃や海自艦艇による対空攻撃をかわし、日本領空に侵入してからも陸上自衛隊の防空攻撃システムの脅威を回避できた場合に、ようやく地上目標に対する攻撃が実施できることになる。

したがって、中国人民解放軍の航空機が自らを安全な状態に保ちながら日本領空に接近・侵入して地上目標を攻撃するには、攻撃用航空機を接近させる以前に、航空自衛隊の地上レーダーサイトをことごとく沈黙させ、空自警戒監視航空機もすべて撃破し、海洋を哨戒《しょうかい》中《ちゅう》の海上自衛隊の艦艇にも猛攻を加え、陸上自衛隊防空ミサイル部隊を沈黙させておかねばならない。そしてその後、攻撃用航空機を日本領空に接近させる必要がある。

つまり、数多くの対日攻撃方法を駆使しなければ、効果的な「航空機による接近襲撃」はなしえず、こうなるともはや「航空機による接近襲撃」ではなく「日本領土への侵攻」ということになってしまう。

以上のように日本側の防空警戒監視態勢と対空攻撃態勢が極めて高水準なため、中国人民解放軍が「航空機による接近襲撃」を単独で対日攻撃方法として用いることは極めて効率が悪い方策ということになる。

したがって、「航空機による接近襲撃」によって日本に対して損害を与える役割を、他の手段に求める必要が生ずる。そして、対日軍事攻撃において、伝統的な「航空機による接近襲撃」は「長射程ミサイル攻撃」にその座を譲ったのである。

特殊部隊による破壊活動の確率

世界各国の軍隊は特殊部隊を擁しているものが少なくないが、それら特殊部隊の主たる任務は対テロ制圧作戦である場合が多い。しかし場合によっては、特殊部隊を敵領内に送り込んで情報収集活動や破壊活動を実施する場合もある。

中国人民解放軍や朝鮮人民軍（北朝鮮軍）も高度な訓練を積んだ特殊部隊を擁しており、擬装漁船などで日本に接近し、日本領内に部隊を送り込む能力も十二分に保持している。

しかし、敵軍隊と正面切って戦闘を交える必要のない特殊部隊は、機動力に富んだ少数精鋭部隊が特徴であり、敵地に潜入して戦略要地（レーダー装置、ミサイル発射装置、司令部、航空管制施設、発電所、兵器工場）を破壊したり、要人を暗殺したり危害を加えたりして、敵軍隊や市民を混乱に陥れることを目的とした襲撃作戦を担当する場合が多い。

このような軍事作戦は、通常は島嶼侵攻作戦や本土侵攻作戦の一部として、あるいは陽動作戦として実施されるものであり、単独で実施する軍事的意義は低い。

ただし、単に日本社会を恐怖や混乱に陥れるために特殊部隊を日本に送り込んで各種襲撃作戦を実施させたならば、それは国家が実施したテロであって、本書で扱う通常戦力による軍事攻撃とは異質な軍事力の行使形態となる。

中国による島嶼侵攻の目標とは

日本本土から海を隔てた日本領土である島嶼を奪取するため、あるいは日本本土侵攻や他の大規模軍事作戦（たとえば台湾侵攻や中米戦争）のための前進拠点を確保するために、中国は上陸侵攻部隊を送り込み、島嶼を占領する（国土交通省では、北海道、本州、四国、九州、沖縄本島を「本土」、その他の島嶼を「離島」と分類しているが、本書では軍事的に、とりわけ補給ルートの理由により、北海道、本州、四国、九州を「本土」、沖縄本島を含めた島嶼を「島嶼」と呼称する）。

ただし、「本土侵攻」の拠点確保のための「島嶼侵攻」は「本土侵攻」作戦の一部であるため、通常「島嶼侵攻」といわれているのは島嶼のみを奪取する軍事侵攻であると考えられる。したがって本書でも、「島嶼侵攻」は島嶼占領のみを目的とする作戦に限定する。

中国人民解放軍による「島嶼侵攻」は、南西諸島のいずれかの島に対して実施されると考えられる。ただし、尖閣諸島のような何の軍事的インフラ（航空施設、港湾施設、生活用施設）も存在しない狭小《きょうしょう》な無人島を占領する「島嶼侵攻」作戦は実施されない。また、沖縄本島や奄美大島《あまみおおしま》のような比較的大型の島嶼占領は、占領継続が極めて困難となるため、「本土侵攻」のカテゴリーに近くなる。

もっとも現状では、アメリカ海兵隊や空軍をはじめとするアメリカ軍部隊が駐留している沖縄本島に中国人民解放軍が侵攻することは考えられない。したがって、中国による「島嶼侵攻」にとって好適なターゲットは、宮古島（下地島《しもじしま》を含む）ならびに石垣島ということになる。

宮古島を占領するシナリオ

中国人民解放軍は、宮古島や石垣島に対する侵攻作戦を実施する場合には、他のカテゴリー（航空襲撃、艦艇襲撃、特殊部隊襲撃、シーレーン妨害、長射程ミサイル攻撃）の対日軍事攻撃能力のすべてまたは一部を併用する。

併用するといっても、実際にそれらの攻撃を全面的に行うのではなく、それらの攻撃態勢を示すことによって自衛隊戦力を日本全国に分散させて釘付けにし、侵攻する島嶼周辺に自衛隊戦力が集中するのを阻止するためである。

以下は、宮古島を占領するためのシナリオの一つである。

■ステップ①先島《さきしま》諸島領有権に関する強硬姿勢

中国は、尖閣諸島のみならず先島諸島（宮古島、石垣島など）や沖縄諸島、それに奄美群島に至るまでの領有権を主張し、中国の正当性を国際社会では知りえない歴史的記録を羅列《られつ》して宣伝しまくる。

同時に、東シナ海の日中境界ラインも、中国側がかねてから主張している大陸棚延長説に拠《よ》る境界線を定着させるため、日本側の主張する日中中間線の日本側海域にひっきりなしに軍艦を遊弋《ゆうよく》させ、デモンストレーションを続ける。

■ステップ②艦艇や航空機による事前陽動行動

宮古島侵攻予定日が近づくと、日本海、東シナ海、西太平洋における日本の接続水域に中国海軍艦艇が頻繁に出没し、海自艦艇や対潜哨戒機によるパトロールを強化させる。

同様に、中国空軍と海軍の各種航空機による、日本ＡＤＩＺ内を日本領空に接近する挑発飛行が急増し、航空自衛隊の緊急発進態勢もフル稼働状態が継続するように仕向ける。

■ステップ③長射程ミサイル戦力のデモンストレーション

中国・北朝鮮国境付近の各地では、日本攻撃に用いられる東風21型弾道ミサイル（ＤＦ－21）発射用車輛や東海10型長距離巡航ミサイル（ＤＨ－10）発射用車輛が極めて多数展開されている状況が、アメリカ監視衛星により確認される。

それらのミサイル部隊のなかには、あきらかに発射態勢をとっている部隊も確認された。在日米軍は弾道ミサイル防衛態勢のレベルを引き上げた。

■ステップ④先島諸島奪還宣言とアメリカ政府への警告

中国共産党政府は日本政府に対して、先島諸島奪還のための最後通牒《つうちょう》を発した。同時に、アメリカ政府に対しても「中国による日本に対する軍事力行使が現実のものとなっても、日本が中国の領土・領海を奪い取っている事態が原因であり、アメリカが関与する問題ではない。万が一、アメリカが日本に対して軍事支援を実施した場合、中国は軍事的報復を実施する準備がある」との威圧的警告を発した。

■ステップ⑤機雷原設置

かねてより宮古島周辺海域や沖縄諸島海域で「操業」していた漁船に擬装した機雷敷設艦によって、宮古島周辺海域の数ヵ所ならびに沖縄周辺海域の要所に各種機雷が多数設置され、数ヵ所の機雷原が誕生した。中国政府は国際社会に対して、戦時危険水域ならびに機雷原の設置を通告した。

■ステップ⑥領空接近による陽動作戦

五〇機以上の中国空軍と海軍航空隊の各種航空機が日本海と東シナ海の日本ADIZを日本領空に向かい接近する。航空自衛隊の七ヵ所の緊急発進基地からは、連続的に戦闘機を発進させざるをえなくなる。

このようなADIZ空域内侵入は、一波ごとに五〇機以上の航空機が飛来し、断続的に続けられる。航空自衛隊の緊急発進機はたちどころに飽和《ほうわ》状態に達する。また、日本海と東シナ海に展開中の海自艦艇は、弾道ミサイル防衛態勢を維持しつつも、多数の航空機の接近に対して対空厳戒態勢も維持しなければならなくなる。

■ステップ⑦潜水艦配置完了

宮古島周辺海域の機雷原とコンビネーションで計画された水域に攻撃型潜水艦が配置につき、海自艦艇の進攻を待ち受ける。機雷原と潜水艦待ち受け水域の前方海域には、旧式潜水艦を多数配置し、接近する海自潜水艦や対潜戦力を「騒音」バリアで攪乱《かくらん》する。

■ステップ⑧上陸侵攻部隊形成

上海《シャンハイ》から福建《ふっけん》にかけての数個の拠点からバラバラに発進した多数の艦艇が、久場島《くばじま》北方二〇〇キロ周辺海域に集結して、中国人民解放軍海軍陸戦隊を中核とする、宮古島上陸侵攻部隊を積載した水陸両用戦隊と護衛戦隊が形成される。

■ステップ⑨長距離巡航ミサイル発射

大正島から一〇〇キロほど北方の海上に進出していた人民解放軍巡航ミサイル攻撃駆逐艦戦隊から、宮古島、久米島、沖縄本島与座岳《よざだけ》の航空自衛隊レーダーサイトに向けて、東海10型長距離巡航ミサイルが発射される。攻撃目標への着弾予定は二〇分後。

同時に、大正島から二〇〇キロ北方上空に進出してきた中国空軍H－6爆撃機一二機からも長剣10型長距離巡航ミサイル（CJ－10）が同じ目標に向けて発射される。こちらのほうの着弾予定は三〇分後である。

■ステップ⑩先島諸島放棄勧告

中国政府は、日本政府に対して、軍事的抵抗とアメリカへの援軍要請とその期待を諦《あきら》めて、先島諸島領有権の主張を取り下げるよう、再度勧告する。

■ステップ⑪長距離巡航ミサイル着弾

宮古島、久米島、沖縄本島与座岳の航空自衛隊レーダーサイトへの長距離巡航ミサイルの着弾が始まる。それぞれのレーダーサイトの各種施設は、一〇発以上の直撃弾を被り機能が停止し、宮古島周辺空域から尖閣諸島にかけての航空自衛隊防空能力に大きな風穴が開けられる。

■ステップ⑫補給海域航空優勢と海上優勢の確立

開戦通告以前よりひっきりなしに緊急発進を繰り返していた航空自衛隊の戦闘機部隊は、すでに飽和状態に陥っている。東シナ海沿岸部の航空基地から発進した中国空軍戦闘機は、空自P3－C哨戒機《しょうかいき》を撃墜する。

時を同じくして、尖閣周辺海域で警戒監視中の海自駆逐艦から二〇〇キロ離れた上空に接近した五組一〇機の中国海軍戦闘攻撃機から、尖閣周辺海域の海自駆逐艦ならびに海上保安庁巡視船に対して、超音速巡航ミサイル多数が発射される。対空ミサイル能力のない海保巡視船はひとたまりもなく撃沈され、ミサイル飽和攻撃を受けた海自駆逐艦も撃沈される。

■ステップ⑬特殊部隊による偵察・侵入

宮古島周辺海域に接近した上陸侵攻部隊から発進した偵察ヘリコプターが宮古島上空を飛行し、対空攻撃が実施されない状況を確認すると、中国海軍陸戦隊威力偵察部隊と陸軍特殊部隊がヘリコプターで、宮古空港、下地島空港、宮古島市役所、宮古島警察署、それにレーダーサイトがあった航空自衛隊宮古島分屯《ぶんとん》基地に着陸する。

長距離巡航ミサイルにより徹底的に破壊された宮古島分屯基地では航空自衛隊員の抵抗を制圧し、負傷していた自衛隊員を捕虜として収容。宮古島警察署に突入した特殊部隊は、警察の武装を解除する。

宮古島市長に対しては、上陸部隊は民間人に危害を加えないので、いかなる形での抵抗もしないように、と警告を発する。

■ステップ⑭宮古島への着上陸

宮古島の自衛隊・警察の武装解除と、市長に対する説得工作が完了した状況を受けて、上陸侵攻部隊は強襲上陸も襲撃作戦も実施することなく、平良《ひらら》港、与那覇《よなは》前浜港、そして宮古空港と下地島空港を使用し、無血で宮古島と下地島に上陸する。

■ステップ⑮宮古島の占領統治の始動

中国海軍陸戦隊とともに宮古島に上陸した人民解放軍民生特殊作戦部隊が宮古島市役所と宮古島警察署に陣取り、市役所業務と警察業務を掌握《しょうあく》。以後、宮古島と下地島は、中国人民解放軍軍政下に置かれることになる。

中国空軍特殊作戦部隊から派遣された要員により、宮古島空港と下地島空港の管制体制が確立され、中国本土からの大型輸送機や爆撃機、それに戦闘機などの受け入れ態勢がスタート。平良港、与那覇前浜港も、中国海軍施設部隊によって、軍艦や輸送船の受け入れ態勢が整えられる。

島嶼侵攻への日本の対処能力

日本では「島嶼奪還」という言葉をよく聞く。「自衛隊の戦略は、島嶼を敵に取らせてから奪還するのだ」と、もっともらしく説明する向きもある。これは、とんでもない誤りである。

世界最高の「島嶼占領」ならびに「島嶼奪還」に関するノウハウと装備、それに訓練の蓄積があるアメリカ海兵隊のエキスパートたちは、このような日本での島嶼攻防戦に関する言動を聞いて卒倒《そっとう》している。

「島嶼侵攻」作戦は陸海空にまたがる大規模な準備計画から、補給線の確保、複雑な水陸両用戦、そして補給の維持と占領統治まで、極めて困難な軍事作戦である。しかし、それ以上に難しいのが、敵が奪還してくることを想定して防衛態勢を厳重にしている島に対する、「島嶼奪還」作戦である。

すなわち島嶼国家日本は、「島嶼奪還」を考える以前に、いかにして敵に島嶼を占領されないようにするかに関する「島嶼防衛」戦略を構築しなければならないのだ。

コンピュータのシミュレーションゲームのような、「島嶼侵攻」という単発的軍事情勢だけに限定して戦力を集中できる場合には、たとえば宮古島や石垣島周辺に海上自衛隊と航空自衛隊のありとあらゆる艦艇や航空機を展開させたり出動させたりすることができる。

このような状況が現実のものとなったならば、いくら中国人民解放軍の海軍と空軍の戦力が充実してきているとはいえ、自衛隊の防御壁を打ち崩して宮古島や石垣島を奪取することは至難の業である。

――しかし現実は、シミュレーションゲームとは違う。

中国が日本の島嶼に侵攻するということは、日中戦争を意味し、場合によっては米中戦争に発展する可能性すらある。したがって中国としては、アメリカの対日軍事支援が現実のものとなる前に、可能な限り短時間で島嶼を占領してしまいたい。アメリカ軍も二の足を踏む状態を作り、占領している島嶼には日本国民という「人質」が存在する状況を作り出す必要がある。

そのためには、上記のように自衛隊の戦力を日本全域に分散させ、身動きがとれない状態に置き続けて、周辺防衛が手薄にならざるをえない島嶼を一気に占領してしまうのである。

現在の自衛隊の戦力量では、中国人民解放軍による日本各地に対する長射程ミサイル攻撃、航空機襲撃、艦艇襲撃などに対処するための厳戒態勢を固めた場合、島嶼周辺に展開させることができる海自と空自の戦力は、極めて限定的にならざるをえない。

このような状況下では、たとえ多数の島嶼に陸自の守備隊を配置したとしても、島嶼周辺の航空優勢、ならびに海上優勢を自衛隊が維持することは不可能なため、陸自守備隊は一つずつ全滅（降伏）していかざるをえないことは必至である。

中国人民解放軍が「島嶼侵攻」を実施するとき、占領目的とする島嶼に自衛隊戦力が存在する場合には、上陸侵攻に先立って長射程ミサイル攻撃によって打撃を加えるのは当然である。

しかし、それ以前に、長射程ミサイル攻撃を実施する可能性を見せつけることによって、自衛隊戦力を日本各地に分散させ、張り付かせることが可能になる。

要するに、中国人民解放軍が対日攻撃が十二分に可能な長射程ミサイル戦力を手にすることは、「島嶼侵攻」にとっても必要条件と考えることができるのだ。

日本本土侵攻の一六ステップ

日本に対する軍事攻撃という場合、外国の軍隊が日本の領土に侵攻する事態を指すことが一般的である。たしかに、一般的なイメージの戦争は、優勢な側の軍隊が敵国に攻め込み、敵軍を撃破しながら敵の重要拠点あるいは首都を占領して敵軍隊が降伏し、敵政府が屈服する、場合によっては敗戦国は滅亡してしまう、といった流れになっている。

ここでとりあげる「本土侵攻」とは、日本本土のある特定地域あるいは数ヵ所に上陸侵攻部隊を送り込み、その地域あるいは日本全体を占領してしまう軍事行動である。いわゆる一般的にいう「侵略」は、この「本土侵攻」をイメージしている。

周囲をすべて海洋で囲まれている日本「本土」に対して軍事侵攻を実施するには、陸海空にまたがる質量ともに極めて強大な軍事力が必要である。中国が日本に対する「本土侵攻」を実施するということは、中日全面戦争を意味し、中米戦争も視野に置いた状況に立ち至っているということだ。

当然ながら、アメリカの全面的な対日軍事支援を阻止するために、核恫喝ならびに核報復準備態勢をアメリカに対しては見せつけることになる。そのうえで、日本に対して大量の長射程ミサイル攻撃を実施し、引き続き大規模な航空機襲撃を行ったうえで、これまた大規模な上陸部隊を送り込むことになる。
以下がその流れだ。

■ステップ①艦艇や航空機による事前陽動行動
■ステップ②上陸侵攻部隊発進
■ステップ③機雷原設置
■ステップ④潜水艦配置完了
■ステップ⑤長距離巡航ミサイル発射開始
■ステップ⑥日本政府への開戦通告ならびにアメリカ政府への中立勧告
■ステップ⑦第一波弾道ミサイル発射開始
■ステップ⑧長距離巡航ミサイル着弾開始
■ステップ⑨弾道ミサイル着弾開始
■ステップ⑩潜水艦戦
■ステップ⑪降伏勧告
■ステップ⑫第二波弾道ミサイル攻撃
■ステップ⑬航空機襲撃

■ステップ⑭上陸作戦実施
■ステップ⑮航空戦力・陸上戦力・海上戦力による残敵掃討戦
■ステップ⑯占領統治開始

このように「本土侵攻」とは極めて大規模な戦争を意味する。そして、第二次世界大戦においても、「島嶼侵攻」とその拡大バージョンである「沖縄侵攻」は実施されたが、「本土侵攻」は実施されず、二度にわたる原爆攻撃に取って代わられた（もし当時、長射程ミサイルが存在したならば、原爆攻撃による無差別虐殺《ぎゃくさつ》ではなく、長射程ミサイルに拠るピンポイント攻撃が実施されたであろう）。

ゆえに、戦争のなかでも極めて大規模かつ攻守側ともに大損害を覚悟しなければならない日本への「本土侵攻」は、現実的にはハードルが極めて高い軍事攻撃である。

放射能汚染で電力も途絶えて

そもそも戦争（国家間武力紛争）は、戦争をすること自体が目的ではなく、何らかの政治的な目的を達成するための一つの手段として実施される。

第二次世界大戦のように日本をほぼ無条件に近い状態で全面降伏させて全領域を占領して

しまうわけではなく、一部だけを占領する本土侵攻作戦の場合でも、日本と中国のあいだの国家存亡をかけた戦争を意味することになる。

要するに、本土侵攻を実施するための政治的目的は、「日本政府を転覆《てんぷく》させる」「日本国家を解体する」「日本民族を滅ぼす」といった程度に強烈なものとならざるをえない。

陸上の国境で隣接しているヨーロッパ諸国間で歴史的にしばしば勃発したように、国家の存亡をかけるほどではないが、自国の国益を伸張するために隣国の占領しやすい地域へ軍隊を送り込んで占領し、外交交渉を有利に展開するために実施するといったケースも、理論的には考えられる。

しかし万一、日本に対してそのような前時代的暴挙を実施する場合には、わざわざ占領のための戦闘や補給も、占領後の防御も、すべての面に関して難易度が高い本土侵攻をするのではなく、それよりも難易度が低い島嶼侵攻を実施することになる。日本本土の一部であろうが離島であろうが、外交交渉を有利に導くための「人質」としての役割には変わりはないからである。

当然のことながら、二一世紀の現代において、このような全面戦争によって相手国を占領したり、相手国を滅亡させたりすることは、「あまりにも時代錯誤《さくご》的だ」と考えるのが自然である。この常識的考えは極めて妥当《だとう》であるといえるのだが、国家といえども意思を持った人間の集合体である以上、一〇〇%起こりえないと断定することはできない。

しかしながら、いくら「日本を滅ぼしたい」「日本を占領し日本人どもを奴隷《どれい》にしてしまおう」という目的を持っても、日本本土侵攻を成功させるだけの軍事力がなければ、侵攻計画すら立てることはできない。

現在そして近い将来の中国人民解放軍の戦力では、上記のような流れで日本本土侵攻作戦を実施すると、海軍力と空軍力の大半と対日攻撃が可能な長射程ミサイルのほぼすべてを作戦に投入することになる。

その場合、台湾やベトナムそれにインドなど、領域紛争中の国々からの軍事攻撃に対処することができなくなってしまう。したがって、日本に対してなけなしの海洋軍事力の大半を投入してまで本土侵攻作戦を実施すると、極めて危険な状況に陥りかねない。

もし、中国の目的が「日本を占領し、日本産業を乗っ取って、日本を中国人民の移住先にする」というものではなく、「日本という国家を叩き潰す」「日本民族をどん底に突き落とす」というものであるならば、人民解放軍側にも多大の損害を覚悟する「本土侵攻」ではなく、ある種の徹底した「長射程ミサイル攻撃」によって目的を達成できる。

すなわち、のちに本書でも述べるように、多量の弾道ミサイルと長距離巡航ミサイルを日本各地に点在する原子力発電所に撃ち込むことにより、日本の大半は深刻な放射能汚染地帯となってしまう。同時に、やはり大量の長射程ミサイルを石油コンビナートに撃ち込むことによって、日本のエネルギー供給は壊滅的ダメージを受けることになる。

これにより、放射能で汚染され電力も途絶えた日本列島は、中国人民解放軍も上陸することは危険だと判断するような占領する価値もない場所となり、日本という国家は破滅してしまうことになる。

長射程ミサイルがビルに落ちると

本書でいう長射程ミサイルとは、中国や北朝鮮といった日本の隣国から発射されて、海を飛び越えて日本領域を直接攻撃することができる弾道ミサイルと長距離巡航ミサイルを意味する（ただし、本書では核戦略は取り扱わないので、本書での長射程ミサイルは通常弾頭〈高性能爆薬〉搭載ミサイルに限定する）。

日本では、長射程ミサイルの脅威というと、北朝鮮の弾道ミサイルを指す場合が多い。実際、中国も北朝鮮も、日本全域あるいは日本の一部を射程圏に収める長射程ミサイルを多数保有している。北朝鮮は弾道ミサイルだけを保有しているが、中国は弾道ミサイルも長距離巡航ミサイルも保有しており、中国の対日長射程ミサイル攻撃能力は、北朝鮮のそれよりははるかに高い。

弾道ミサイルにせよ長距離巡航ミサイルにせよ、長射程ミサイルは、攻撃目標のはるか遠方から、敵の攻撃にさらされずに発射することができる。しかし、ミサイルという性格上、大容量の弾頭は搭載できない。

とりわけ長距離巡航ミサイルは、比較的小型の弾頭しか搭載できない。そのため、長射程ミサイルの破壊力はさして大きくはない。ただし、敵の攻撃を受けずに発射でき、かつ命中精度も極めて高く、ピンポイントでの攻撃ができるというメリットは、破壊力の小ささを補って余りある。

もっとも、破壊力が小さいといっても、中国や北朝鮮の弾道ミサイルに搭載される通常弾頭のペイロード（弾頭部分の積載重量）は五〇〇～一〇〇〇キロであるため、一〇〇〇ポンド爆弾あるいは二〇〇〇ポンド爆弾程度の威力がある。また中国の長距離巡航ミサイルのペイロードは三〇〇～五〇〇キロであり、五〇〇ポンド爆弾ないしは一〇〇〇ポンド爆弾程度の威力がある。

これらの通常弾頭搭載ミサイルに関して「たいした破壊力はない」あるいは「極めて限定された破壊力」という論評を耳にするが、それは尋常でない核兵器の破壊力と比較しての表現である。実戦に使われた場合には、そのような表現は妥当ではなくなる。

たとえば、中国の東風21型弾道ミサイルには二五〇キロトンの核弾頭が搭載可能であり、その爆発力は広島型原爆（二〇キロトン）の一二・五倍の威力を持っている。爆発力と破壊力は違うため正確な破壊力の比較はできないが、爆発力が一二・五倍の場合、実際の破壊力は大雑把《おおざっぱ》に見積もって、一・二〜二倍程度と考えられている。

したがって、核弾頭搭載弾道ミサイルとしては小型の弾頭が搭載される東風21型弾道ミサイルですら、核弾頭が装着された場合には、想像を絶する破壊力を持つことになる。

それに比べると、同じ東風21型弾道ミサイルに装着される通常弾頭（高性能爆薬）は、一〇〇〇ポンド爆弾程度の爆発力しか持っておらず、二五〇キロトン核弾頭を装着した場合には、この通常弾頭のおよそ一〇〇万倍の爆発力を持つため、爆発そのものによる破壊力は五二〜六九倍の大きさを持っていることになる。

核弾頭の場合は爆発による強烈な爆風以外にも、熱線や放射線それに放射能汚染による損害があるため、通常弾頭との破壊力の比較は困難である。しかし、核弾頭を装着した東風21型弾道ミサイルに匹敵する物理的破壊を敵に与えるには、少なくとも七〇発程度の通常弾頭装着の東風21型弾道ミサイルを撃ち込まなければならないことになる。

このように、核弾頭に比べると通常弾頭の破壊力は、実戦による損害そのものに目を向けず、数値データだけで論ずる人々にとっては、「たいした破壊力はない」あるいは「極めて限定された破壊力」ということになる。

アメリカ軍がイラクやアフガニスタンで実際に使用している五〇〇ポンド爆弾、一〇〇〇ポンド爆弾、二〇〇〇ポンド爆弾の破壊例から類推すると、上記の東風21型弾道ミサイルの通常弾頭が路上に着弾すると、半径一〇メートル程度のクレーターができ、半径二五メートル以内にいた人間は、間違いなく即死する。アメリカ軍は一〇〇〇ポンド爆弾を人員殺傷用ならびに建造物破壊用に使用しており、木造建築はもとより鉄筋コンクリートの建造物も、直撃を受けると大きく破損する。

長距離巡航ミサイルに装着される弾頭のうちでも小型の通常弾頭は、五〇〇ポンド爆弾（自衛隊も保有している）に相当する。建造物の構造や形状にもよるものの、この五〇〇ポンド爆弾でも、一般の鉄筋コンクリートビルの屋上を直撃すると、四〇メートル以上の下層階まで破壊してしまうといわれている。

ただし、戦闘用建造物や地下シェルターのような堅固な建造物は、五〇〇ポンド爆弾や一〇〇〇ポンド爆弾ではなく、二〇〇〇ポンド爆弾によって攻撃しなければならない。したがって、二〇〇〇ポンド爆弾に迫る破壊力を有する弾頭を搭載する多弾頭ミサイルの直撃を受けた場合、相当堅固な建造物すら破壊されることになる。

このように、二〇〇〇ポンド爆弾はもとより一〇〇〇ポンド爆弾や五〇〇ポンド爆弾と同等な破壊力を持った弾道ミサイルや長距離巡航ミサイルの直撃を受けた現場には、人間の原形をとどめない死骸と負傷者が累々《るいるい》と横たわり、建造物や車輌の残骸《ざんがい》が散乱する状況が現出することになる。

国民の生命財産の保護を任ずる者は、机上の爆発力で論議する者のデータにではなく、「真の戦争」の状況に思いを馳《は》せなければならない。

日本にとって最大の脅威とは何か

さて、このように「大した破壊力ではない」といわれてはいるものの、現実には多数の人を殺傷し建造物なども破壊する長射程ミサイルは、爆弾と違って敵地の上空から投下する必要がないため、現代の戦闘では重宝《ちょうほう》されている。

北朝鮮のような貧弱な航空戦力しか保有していなくとも、海を越えて、日本やアメリカまでも攻撃できるのが長射程ミサイルなのだ。

建国後、時を経ておらず、まだ国力の低かった時期から、毛沢東《もうたくとう》をはじめとする中華人民共和国指導部は長射程ミサイルの有用性に目をつけ、近代的陸軍や空軍それに海軍の建設よりも長射程ミサイル戦力の充実に優先権を与え、弾道ミサイルや長距離巡航ミサイルの開発に精力を傾注した。

その伝統の延長線上に現在の中国人民解放軍が存在しており、中国の長射程ミサイル戦力は極めて強力である。

日本にとって、最大の軍事的脅威（核を除く）は、疑問の余地なく、中国人民解放軍の対日長射程ミサイル攻撃である。

本書の以下の各章では、北朝鮮の対日攻撃用弾道ミサイル戦力と対日攻撃方法、中国の対日攻撃用長射程ミサイル戦力と対日攻撃方法としての「短期激烈戦争」を概観する。その前に、それらの長射程ミサイル攻撃の脅威に対抗して、日本が準備しているミサイル防衛能力について垣間《かいま》見ることにする。

第二章　日本のミサイル防衛力の真実

実戦シミュレーション②中国弾道ミサイル攻撃に対し米イージスＢＭＤ艦は

アメリカ海軍第七艦隊に所属し横須賀を母港とする巡洋艦「シャイロー（ＣＧ－67）」は弾道ミサイル迎撃用のＳＭ－３迎撃ミサイルを搭載したいわゆるイージスＢＭＤ艦で、二〇一五年二月現在、第七艦隊に五隻配備されているイージスＢＭＤ艦（巡洋艦一隻、駆逐艦四隻）のうちの一隻である。

海上自衛隊もイージスＢＭＤ艦を四隻保有している。二〇一五年三月現在、二隻のイージス駆逐艦をＢＭＤ艦へと改修作業中であり、さらに二隻のイージスＢＭＤ艦の追加建造がされる予定である。

第七艦隊はイージスＢＭＤ艦を二〇一七年までには二隻増強することになっているため、二〇二〇年ごろには、日米合わせて一五隻のイージスＢＭＤ艦が日本に配備されることになる。

いかなる軍艦といえども常時稼働状態にあるわけではないが、一五隻のイージスＢＭＤ

艦を擁することになると、緊急時において、少なくとも一〇隻のイージスBMD艦が、日本周辺海域上空に睨《にら》みを利《き》かせることができる。それぞれのイージスBMD艦には八基のSM－3迎撃ミサイルが搭載されている。

二〇一X年三月、中国東北地方から東シナ海沿岸地域を二四時間厳重に監視し続けているアメリカ軍警戒監視システムからのデータ分析によると、中国人民解放軍第二砲兵部隊（第二砲兵）の弾道ミサイル部隊や長距離巡航ミサイル部隊に大きな動きがあると推測された。

かねてよりの日本に対する強硬な外交的・軍事的態度に照らし合わせ、ペンタゴン（アメリカ国防総省）は、日本周辺防衛の最前線を担う第七艦隊に対し、厳戒態勢をとるよう下命した。

それを受けて第七艦隊は、イージスBMD艦三隻を常時、日本海と東シナ海に配置し、弾道ミサイル迎撃態勢を維持した。そのため二〇一X年三月二一日、「シャイロー」は隠《お》岐島《きのしま》北北東沖海上で厳戒パトロールに従事していたのだ。

１９３０時（午後七時三〇分）

中国東北地方から北朝鮮国境沿いを監視しているアメリカ軍早期警戒衛星は、弾道ミサイル発射の熱源と思われる異常データを北朝鮮国境沿い地域の数ヵ所で探知した。早期警戒衛星が捉えた熱源は三〇ヵ所にものぼった。

同時に中国の東シナ海沿岸地方を常時監視しているアメリカ軍早期警戒衛星も、弾道ミサイル発射と思われる熱源を二〇ヵ所探知した。

それらのデータは瞬時にペンタゴン、アメリカ太平洋軍司令部、それに日本周辺海上のイージスBMD艦によって共有された。また、航空自衛隊ミサイル防衛司令部や警戒中の海上自衛隊イージスBMD艦ともデータリンクし、日米での弾道ミサイル迎撃戦が……訓練ではなく実戦が、開始された。

1932時

臨戦態勢に切り替わった巡洋艦「シャイロー」の警戒監視レーダーは、北朝鮮上空を日本海上空へと向かう飛翔体を逐次、三〇個捕捉した。瞬時にイージス戦闘システムがそれぞれの目標飛翔体に関する軌道計算を実施し、予測弾道とSM－3ミサイルによる迎撃プログラムを生成した（日本海上の僚艦、アメリカ海軍BMD駆逐艦「フィッツジェラルド」、海上自衛隊BMD駆逐艦「こんごう」「ちょうかい」、それに東シナ海上のアメリカ海軍BMD駆逐艦「ステザム」、海上自衛隊BMD駆逐艦「きりしま」でも同様の作業が実施されている）。

「シャイロー」のイージス戦闘システムによると、以下の分析結果がはじき出された。

①すべての飛翔体の平面での進行方向が本州の東北方面から九州の間を指している（そのため、アメリカ本土、アラスカ、ハワイそれに沖縄米軍基地に対する攻撃可能性は排除された）。

②本州を目指している飛翔体のうち、グアム方向へ向かっている飛翔体の上昇速度ではグアムの米軍基地を攻撃することはできない。

③岩国基地が位置する方面へ二個の飛翔体が向かっている。

1933時

かねてより弾道ミサイル迎撃ROE（交戦規定）に基づきプログラミングされていたイージス戦闘システムの迎撃ルーティーンが作動して、岩国基地方面へ向かう飛翔体二個のうちの一個に対して二基のSM－3迎撃ミサイルが「シャイロー」の前方垂直発射装置から連射された。他の一個の飛翔体に対しては、データリンクしているイージス戦闘システムが即座に発射担当艦を割り当てて、僚艦「フィッツジェラルド」から二基のSM－3迎撃ミサイルが発射された。

一方、日本海上の二隻の海上自衛隊ＢＭＤ艦からは、三〇の迎撃目標からイージス戦闘システムが自動選択した一六個の飛翔体に対し、それぞれ八基ずつのＳＭ－３迎撃ミサイルが発射された。また、東シナ海上の海自ＢＭＤ艦からも、九州方面に飛翔する二〇の迎撃目標のうち八個に対してＳＭ－３迎撃ミサイルが連射された。

ただし、東シナ海上の米海軍ＢＭＤ艦「ステザム」は、イージス戦闘システムが飛翔体の攻撃目標は沖縄でもグアムでもないと判断したため、迎撃ミサイルは発射されなかった。

1937～1938時

「シャイロー」から発射された二基のＳＭ－３迎撃ミサイルは目標飛翔体にグイグイと接近した。一基目はわずかに目標からずれたが二基目が飛翔体を直撃し、弾道ミサイル弾頭は粉砕された。同様に「フィッツジェラルド」から発射されたＳＭ－３迎撃ミサイルも目標の弾頭撃墜に成功した。海自ＢＭＤ艦が発射した二四基のＳＭ－３迎撃ミサイルも、予期されていた通りの命中率を達成し、二一発の弾道ミサイル弾頭の撃墜に成功した。

結局、日米ＢＭＤ艦が撃墜に成功した弾道ミサイル弾頭は五〇発中二三発であり、残りの二七発は日本各地に向かって超高速で落下を続けた。「シャイロー」の高性能レーダーは、日本海上空を日本各地に落下するそれらの弾頭を鮮明に捕捉し続けた。

1939〜1941時

第二砲兵が第一次対日弾道ミサイル攻撃を開始してから九分後、日米のBMD艦によるイージス迎撃網を突破した弾道ミサイル弾頭が、攻撃目標に着弾を開始した。

PAC－3が配備されていない原子力発電所や石油化学コンビナートには、一五発の弾頭が降り注いだ。残りの一二発の弾頭は、それぞれPAC－3が配備されている防空圏内へと落下し続けたが、奇襲攻撃に対応して迎撃を実施できたのは、在日米軍司令部を防衛するために常時迎撃態勢を維持していたPAC－3だけであった。

こうして結局、原子力発電所には一〇発、石油化学コンビナートには五発、航空自衛隊基地には一〇発の高性能爆薬弾頭が着弾したのだ。

1940時

弾道ミサイル弾頭が日本各地に着弾している最中、第二砲兵は第二波対日弾道ミサイル攻撃を実施した。同時に、中国共産党政府は日本政府に対して「かねてより中国政府が提案していた『中日東シナ海領有権確定協定』交渉のテーブルに就くことを受諾すれば、ただちに停戦する」旨の通告をなした。

1942時

「シャイロー」のレーダーは、二五個の飛翔体が日本海上空を日本各地に向かうのを捕捉した。それらの飛翔体が、人民解放軍が発射した対日攻撃用弾道ミサイルであることに疑いの余地はなかった。したがって、米海軍ならびに米ミサイル防衛局のROEによれば、「シャイロー」は直ちに迎撃することが可能であった。

「シャイロー」のイージス戦闘システムは、弾道ミサイル発射の脅威という状況下で、最も効率よく敵弾道ミサイルを撃破しうる全自動制御状態となっていた。そのイージス戦闘システムは、超高速で二五発の弾頭それぞれの弾道計算を実施し、いずれの弾頭もアメリカ本土、アラスカ、ハワイ、グアム、それに三沢、横田、岩国、厚木、沖縄の米軍基地への攻撃可能性はゼロ、との判定を下した。そのため、イージス戦闘システムはSM－3迎撃ミサイルを発射しなかった。

一方、日本海上の海自BMD艦「こんごう」と「ちょうかい」も二五発の弾道ミサイル弾頭を鮮明に捕捉しており、イージス戦闘システムは着実に迎撃計算を実施していた。しかし、先の第一次攻撃に際して、搭載していたそれぞれ八基のSM－3迎撃ミサイルを全弾撃ち尽くしており、ただイージスレーダー画面に映し出される軌跡を追うしかなす術《すべ》がなかった。

1943〜1945時

「シャイロー」艦長はじめ参謀たちは、直ちに手動に切り替え、SM－3迎撃ミサイル残弾六基をすべて目標に向けて連射するよう決断、ミサイル制御チームに下命した。しかし、手動に切り替えて六基の目標を特定し連射するのには、二分近くの時間を要した。「シャイロー」から発射されたSM－3迎撃ミサイルが弾頭に到達するのには三分前後の時間を要するため、おそらく迎撃は不可能であろうというのが迎撃担当者たちの判断であった。

1947〜1948時

「シャイロー」から発射されたSM－3迎撃ミサイルは目標弾頭に接近していった、しかしすべての目標がターミナル段階（宇宙空間から大気圏に再突入して超高速で落下している状態）に達してしまったため、六基のSM－3迎撃ミサイルは迎撃不能となった。自爆装置が働き、一基約二〇〇〇万ドルの迎撃ミサイルは木っ端微塵《こっぱみじん》となり、日本海の藻屑《もくず》と消えた。

1949～1951時

日本海上空を飛翔した人民解放軍の二五発の第二波東風21型弾道ミサイル弾頭は、アメリカが誇るイージスBMDシステムの妨害をまったく受けることなく、全弾、日本各地の原子力発電所、石油備蓄施設、石油化学コンビナート、それに変電所に着弾した。

1955時

「シャイロー」艦長ならびに参謀たちにミサイル防衛局司令官から連絡が入った。

「イージス戦闘システムは、アメリカ領域とアメリカ軍施設への攻撃はゼロと判断していたはずだ！　なぜ、高価なSM－3迎撃ミサイルを六基も無駄に発射してしまったのか？

諸君は、アメリカ国民の税金一億二〇〇〇万ドルをドブに捨ててしまったのだ」

＊＊＊＊＊

中朝のミサイルを防ぐ二つの方法

日本にとって最大の軍事的脅威である中国や北朝鮮による長射程ミサイル攻撃に対しては、二通りの防衛策が考えられる。

第一は、攻撃を決心した中国や北朝鮮が実際にミサイルを発射する以前に、中国や北朝鮮のミサイル発射装置を破壊して攻撃不能にしてしまう方法である。これは積極的に攻撃に打って出て身を護る能動的防衛策ということができる。

第二は、中国や北朝鮮が発射したミサイル（弾頭）を飛翔中に撃ち落としてしまう方法。こちらは、飛んでくるミサイルを待ち受けて迎撃する受動的防衛策ということになる。

もちろん、これらの防衛策は、中国や北朝鮮が日本に対する長射程ミサイル攻撃を決心してしまった場合の対応策であり、理想的にはそのような決心を外敵にさせないことである。そのためには強力な抑止力を保持しなければならない。

ただし、どのような抑止力を用意すれば、日本に対する長射程ミサイル攻撃を躊躇させたり断念させたりできるのか、それを考えるに際しても、現在の日本が保持している長射程ミサイル攻撃に対する防衛戦力についての理解は欠かせない。

なぜアメリカは弾道ミサイル防衛（ＢＭＤ）システムの開発に躍起《やっき》になるのか？

能動的防衛策を実施するには、空・海それに場合によっては陸にまたがる様々な戦力が総動員されるが、ミサイル防衛に特化した専用の装置や兵器が開発されているわけではない。

現代のミサイル発射装置は、ミサイル発射基地のような固定地点から発射されるものより、地上移動式発射装置（TEL）、あるいは駆逐艦、潜水艦、爆撃機などのように、隠密《おんみつ》性《せい》の高い移動をする方式が主流である。したがって能動的ミサイル防衛策は、軍事技術的には、そうたやすい方法ではない。

一方の受動的ミサイル防衛策は、超高速で飛んでくる敵の長射程ミサイルを撃ち落とすためのシステムを開発して待ち構えようという方針である。このようなミサイル防衛システムの開発もまた、技術的には容易ではない。

しかし、敵の多数の地上移動式発射装置を短時間で発見して破壊しなければならない能動的防衛策よりは、ミサイル防衛システムを完成させるほうが（少なくとも理論的には）より現実的であると考えられた。そこでアメリカ国防当局は、アメリカの防衛産業を幅広く巻き込んでミサイル防衛システムの開発をスタートさせ、現在も開発中である。

ただし、ミサイル防衛システムといっても、弾道ミサイル攻撃に対するものと長距離巡航ミサイル攻撃に対するものとでは、まったく別のシステムの開発が必要である。

弾道ミサイルは、巡航ミサイルに比べると超高速で飛翔するとはいえ、大型ロケットで発射されるために探知しやすく、放物線を描き、水平面に対しては直線的に飛翔するため、経路の推定も可能。ゆえに弾道ミサイル防衛（BMD）システムの開発が先行することになった。

一方、自由自在に針路を変えながら飛翔する長距離巡航ミサイル防衛（CMD）システムの開発は、弾道ミサイル防衛システムに比して大きく後れを取っているのが現状である。アメリカが弾道ミサイル防衛システムの開発を先行させたのは、技術的理由以外にも、アメリカにとって弾道ミサイル、それも核を搭載した大陸間弾道ミサイルのほうが、核抑止戦略という意味合いにおいては、巡航ミサイルよりも脅威度がはるかに高いからである。

現在、アメリカとロシアならびにアメリカと中国は、地上から発射する大陸間弾道ミサイルと戦略原子力潜水艦（以下、戦略原潜）から発射する報復用核弾頭搭載弾道ミサイル（以下、核弾道ミサイル）を保有することによって、互いに核攻撃ができなくなる相互確証破壊戦略（MAD）という恐怖の均衡《きんこう》状態を保っている。

もし、アメリカが中国やロシアの核弾道ミサイルに対する極めて確実な弾道ミサイル防衛システムを手にすることとなれば、すなわちアメリカに飛来する弾道ミサイルをことごとく撃ち落としてしまうことが可能となれば、中国やロシアによる対米核攻撃は無駄になってしまう。そうすれば、アメリカは相互確証破壊戦略で一歩抜け出ることになり、核の脅《おど》し合いにおいて絶対的な優位に立つのである。

このような核戦略上の理由によっても、アメリカは莫大な資金を投入して、様々な批判が集中しているにもかかわらず、弾道ミサイル防衛システムの開発に躍起になっているのだ。

米中ロの相互確証破壊戦略とは

さて、先述の相互確証破壊戦略とは、以下のようなメカニズムで成り立っている。

もしロシアがアメリカに対して核弾頭搭載大陸間弾道ミサイル（ICBM、核弾道ミサイル）を発射し先制核攻撃を実施したならば、アメリカもただちにロシアに対して核弾道ミサイルを発射して反撃する。それをきっかけにして米ロ間を核弾道ミサイルが飛び交う。

このような核弾道ミサイルは陸上の半地下式発射台（ミサイルサイロ）から発射されるため、移動ができず位置が特定されているため、互いに敵のミサイルサイロを攻撃する可能性が高い。

そこで、核弾道ミサイルを発射することができる戦略原潜をロシアに見つからないように潜航パトロールさせていて、万が一にも対米先制核攻撃が実施された場合には、戦略原潜から核弾道ミサイルを発射して報復核攻撃を実施するのである。

これによって、たとえロシアの核弾道ミサイル攻撃によって陸上のミサイルサイロが壊滅させられても、戦略原潜が海中深く潜航して生き残っている限り、敵に対する報復核攻撃が実施できることになる。

このように、固定されているミサイルサイロから発射する核弾道ミサイルだけでなく、海中から発射する核弾道ミサイルを搭載した戦略原潜を運用することにより、敵の核攻撃を受けても必ず報復核攻撃が実施できる（あるいは、先制核攻撃をしても必ず敵の報復核攻撃を受ける）という状況になる。このような恐怖の均衡状態によって核抑止を維持するのが、相互確証破壊戦略である。

そして、実際にこのような能力をアメリカもロシアもともに構築した。その結果、米ロとも互いに核攻撃ができなくなった均衡状態が出現したのである。ところが中国は、アメリカを攻撃できる地上発射の核弾道ミサイルは保持していたが、戦略原潜の運用がなかなか進まず、相互確証破壊戦略の土俵には上がれなかった。

しかし二〇一四年に入って、中国が渤海《ぼっかい》からでもアメリカ本土の一部を攻撃可能な核弾道ミサイルを搭載した戦略原潜の運用を開始したという断片的情報が明るみに出て、いまや米ロ間だけではなく米中間にも核均衡状態が存在していると考えられている。

これを打ち破って、ロシアや中国に対して優位に立つため、アメリカが開発に着手し現在も開発を続けているのが弾道ミサイル防衛システムである。

米の弾道ミサイル防衛システム

日本が配備を推し進めている弾道ミサイル防衛システムは、アメリカの弾道ミサイル防衛システムの一部であり、日本はアメリカの弾道ミサイル防衛システム開発にとって重要な役割を果たしている。このため、日本の弾道ミサイル防衛システムは、全体像としてのアメリカのシステムを理解することなしには理解できない。

弾道ミサイルは、発射されてから以下のような経路を辿ることになる。

①発射
②ブースター（ロケット推進装置）により加速上昇
③ブースターからミサイル弾頭部分が切り離される
④ミサイル弾頭部分は宇宙空間を放物線を描き高速で飛翔する
⑤攻撃弾頭（複数の場合あり）やダミー（偽弾頭）が分離する（多弾頭式の場合）
⑥ミサイル弾頭が宇宙空間から大気圏に再突入する
⑦ミサイル弾頭はさらに加速しつつ超高速（マッハ一〇以上）で目標に向かって落下する
⑧着弾

このような経路のうち、発射されてから弾頭部分が切り離されるまでの段階をブースト段階、弾頭が宇宙空間を飛翔する段階をミッドコース段階、そして弾頭が大気圏に再突入してから超高速で落下する段階をターミナル段階、と三段階に区切って弾道ミサイル防衛システムは開発されている。

弾道ミサイル防衛システムは、弾道ミサイルを探知したり追尾するための様々なセンサーと、弾道ミサイルを撃破するための数種類のインターセプターとから構成されている。その他に、各種センサーやインターセプター発射装置を搭載するプラットフォーム（基地、艦艇、航空機、人工衛星など）も必要となる。

センサーは、敵が弾道ミサイルを発射した瞬間を探知することから、飛翔中、そして迎撃のためのインターセプターが命中するまで、絶え間なく弾道ミサイルを追い続ける。そのため、早期警戒衛星で宇宙空間から、艦艇（Xバンドレーダー、イージス巡洋艦、イージス駆逐艦）に搭載されて海上から、レーダー基地（前進レーダー装置、早期警戒レーダー、地上イージスシステム）や車輌（THAAD〈戦域高高度防衛ミサイル〉システム、PAC－3〈ペイトリオット－3防空ミサイルシステム〉）に搭載されて陸上から、と幾重にもセンサーは張り巡らされている。

アメリカでひとたび弾道ミサイルの発射が探知されたならば、それぞれのセンサーからの情報は、瞬時に戦略司令部、国家軍事指揮センター、太平洋軍司令部、北方軍司令部などとリンクして分析されるとともに、コンピュータ制御によって自動的かつ迅速に各種インターセプターによる迎撃が実施される仕組みになっている。

アメリカミサイル防衛局が開発に取り組んでいた弾道ミサイル防衛システムのインターセプターは、当初九種類であった。しかし、開発が進むにつれて、技術的問題や予算の壁に突き当たり、現在はブースト段階での迎撃は諦《あきら》められてしまった（もちろん、この段階での探知・追跡は実施される）。そして、ターミナル段階での計画も一部が中止となり、現在のところ開発が進められているインターセプターは五種類である。

一発勝負の日本の防衛システム

先述の通り、日本が配備を推し進めている弾道ミサイル防衛システムは、アメリカの弾道ミサイル防衛システムの一部分である。

すなわち、ミッドコース段階でのイージス艦による弾道ミサイル防衛と、ターミナル段階でのPAC－3のみが、自衛隊が保有している弾道ミサイル防衛システムである。発射の瞬間を探知する早期警戒衛星をはじめとするセンサーの大半はアメリカが保有しており、キャッチした情報は日本側とリンクすることになっている。

すでに述べたように、アメリカの弾道ミサイル防衛システムは、中国やロシアそれに北朝鮮などから飛来する大陸間弾道ミサイルを撃破するために開発されている防衛システムである。一方、中国や北朝鮮から日本を攻撃する弾道ミサイルは、大陸間弾道ミサイルに比べると飛距離がはるかに短く飛翔高度も低い、準中距離弾道ミサイルあるいは短距離弾道ミサイルと呼ばれる種類のミサイルである。

したがって、弾道ミサイルが発射されてから攻撃目標に到達するまでの飛翔パターンは、アメリカが攻撃を受けた場合と日本の場合とではかなり違うことになる。

たとえば、中国がアメリカ本土攻撃に使用する東風5型大陸間弾道ミサイル（DF－5）は、洛陽《らくよう》郊外から打ち上げられると三〇分前後でアメリカ本土（攻撃目標により三分前後の違いが生ずる）に到達する。この三〇分のあいだに、五種類の防衛手段を繰り出してミサイル弾頭を撃ち落とそうというのが、アメリカの弾道ミサイル防衛のコンセプトである。

一方、日本全域を射程圏に収めている中国の東風21型弾道ミサイル（DF－21）や北朝鮮のノドン弾道ミサイルは、発射してから七～一〇分で日本本土に到達する。また、より射程距離が短い中国の東風15型弾道ミサイル（DF－15）や北朝鮮のスカッドD型弾道ミサイルは、発射してから七分程度で九州に到達する。このため、日本ではインターセプターで撃ち落とせる時間が五～七分程度と、極めて短いことになる。

現在のところ、このわずかな時間内で、イージスBMDとPAC－3の二種類のみの手段でミサイル弾頭を撃破しなければならない。アメリカの五段階迎撃態勢に比べると、日本の二段階迎撃態勢は、「一発勝負」に近いといえる。

ＰＡＣ－３が配備された幸運な一八エリア以外にとっては、海上自衛隊のイージスＢＭＤ艦が、弾道ミサイルを撃破する「フロントライン」であるとともに「ゴールキーパー」でもある。そして、対日弾道ミサイル攻撃作戦立案者は、通常それらの一八エリアは攻撃目標から外すことになる。

したがって、海上で警戒するイージスＢＭＤ艦からＳＭ－３迎撃ミサイルを発射して宇宙空間を飛翔する弾道ミサイル弾頭を撃破するイージスＢＭＤシステムが、日本にとって実質的には最初でかつ最後の弾道ミサイル防衛ラインであると考えねばならない。

米の弾道ミサイル撃墜率は

イージスＢＭＤシステムで弾道ミサイル弾頭を撃破するシナリオは以下のようなものだ。

まず、弾道ミサイル発射をアメリカ軍早期警戒衛星が探知すると、瞬時にデータが海上自衛隊イージスシステム搭載艦のイージス指揮管制システムとリンクする。イージス艦自身の高性能レーダーシステムによっても、加速上昇する弾道ミサイルが探知され、追尾が開始される。

他のイージス艦、監視衛星、地上の対空レーダーなどでも弾道ミサイルを探知し、すべてのセンサーの情報はリンクし、イージス戦闘システム（超高性能レーダーと高速情報処理システムと各種兵器指揮統制システムが一体となった情報処理システム）で処理される。

そして、ロケット推進が完了して、ミサイル弾頭がロケットから押し出されて放物線の頂点を目指して上昇を始めたとき、ＳＭ‐３迎撃ミサイルが発射される。センサーの情報により制御されつつ、ＳＭ‐３迎撃ミサイルは宇宙空間で攻撃目標を捕捉し、弾頭を直撃して撃破する。

この弾道ミサイル防衛システムの開発の「総元締め」たるアメリカミサイル防衛局の二〇一四年の公式記録では、二〇一三年までに実施されたイージスＢＭＤ艦からＳＭ‐３迎撃ミサイルで弾道ミサイル弾頭を撃墜する実験は、三四回のうち二八回が成功している。

要するに、現在のところ、イージスＢＭＤシステムの撃墜率は八二・四％ということになる。この数字はこれまで一〇年以上にわたって行われてきた実験の平均値であり、イージス戦闘システムのセンサーやデータ解析能力、それにインターセプターであるＳＭ‐３迎撃ミサイル自体にも改良が加えられつつあるため、現時点のシステムの撃墜率はもっと向上している可能性が高い。

たしかに、実験という作られた環境と実戦とでは、様相が大きく異なってくるであろうことは否定できない。ただし、人間の目で弾道ミサイルを発見して、人間が飛翔経路を計算して、人間がスイッチを押してSM－3迎撃ミサイルを発射する、という手動システムではなく、弾道ミサイルの探知も軌道計算もSM－3迎撃ミサイル発射も、すべてイージス戦闘システムを中心とした自動システムにより行われるのだ。

したがって、SM－3迎撃ミサイル発射を制御するイージス戦闘システムが撃墜すべき弾道ミサイルを捉えたならば、それ以降の自動処理段階においては、実験と実戦での違いは生じない。

もちろん、機械の故障もあるだろうし、気象条件などによる影響は否定できないが。

日本のイージスBMD艦の実力

海上自衛隊はイージス戦闘システムを搭載した、いわゆるイージス艦を、六隻（こんごう型四隻、あたご型二隻）運用している。

二〇一四年現在で、それらのうち「こんごう」型の四隻（「こんごう」「きりしま」「みょうこう」「ちょうかい」）はSM－3迎撃ミサイルを発射できるイージスBMD艦となっており、「あたご」型の二隻（「あたご」「あしがら」）は弾道ミサイルに対するセンサーの役割は果たせるが、迎撃機能はなく、近い将来には付与されることになっている。

しかし、イージス艦にかぎらず軍艦の稼働率は一〇〇％というわけにはいかず、通常は整備や修理のためドック入りして出動できない艦が存在する。また、未だにシステム開発途上にあるイージスBMD艦の場合、ハワイ周辺海域でのアメリカとの合同テストなどで日本を離れる機会が多いため、実際に出動可能な艦は保有数よりも少なくなる可能性がある。

ただし、海上自衛隊のイージスBMD艦に加えて、場合によっては横須賀を本拠地とするアメリカ海軍第七艦隊のイージスBMD艦も日本防衛に参加する可能性がある。たとえば、何らかの事情により日米安全保障条約に基づいて第七艦隊が日本防衛任務に従事していた場合、第七艦隊のイージスBMD艦は、日本領域方面に向けて発射された弾道ミサイルを迎撃することになる。

また、日米安全保障条約に基づく日本防衛任務が発動されていない場合においても、日本周辺をパトロール中のアメリカ海軍イージスBMD艦のイージス戦闘システムが、日本の米軍施設方面あるいはグアム方面やハワイ方面に向けて発射されたと判断した弾道ミサイルを迎撃することはありうる。

二〇一四年現在、第七艦隊は、イージスBMD巡洋艦一隻、イージスBMD駆逐艦四隻、それに弾道ミサイル追跡能力しか持たないイージス巡洋艦一隻とイージス駆逐艦三隻を保有している。二〇一七年までに、イージス駆逐艦のうち二隻がイージスBMD艦に入れ替わり、さらに弾道ミサイル迎撃能力が強化されることになっている。

ミサイルを迎撃する理想的区間は

イージスBMDで敵の弾道ミサイルを迎撃する際に、イージスBMD艦の出動可能数に加え、それらのイージスBMD艦をどのように展開させるかが決定的に重要となる。

すでに述べたように、中国や北朝鮮から弾道ミサイルが発射されると、七〜一〇分程度で日本各地にミサイル弾頭が着弾することになる。もう少し細かく弾道ミサイル飛翔過程の時間経過を追ってみると、以下のようになる。

■〇分

弾道ミサイルが中国（通常東北地方）や北朝鮮から発射される
アメリカ軍早期警戒衛星が弾道ミサイル発射を探知
弾道ミサイルはブースター（ロケット推進装置）により加速上昇
イージス戦闘システムで追尾開始

■二分

弾道ミサイルのブースターからミサイル弾頭部分が放出される
イージス戦闘システムが弾道放物線解析
宇宙空間をミサイル弾頭が放物線を描き上昇飛翔
SM-3迎撃ミサイル発射開始

■六分　ミサイル弾頭が放物線の頂点を通過→SM－3迎撃ミサイル命中
ミサイル弾頭が放物線上を落下→SM－3迎撃ミサイル命中可能

■八・五分　ミサイル弾頭が宇宙空間から大気圏に再突入
ミサイル弾頭は超高速（マッハ一〇以上）で放物線上を落下
PAC－3発射

■一〇分　着弾

イージスBMDで敵のミサイル弾頭を直撃するための理想的区間は、ミサイル弾頭の飛翔速度が低下する放物線の頂点に差し掛かる部分である。したがって、中国や北朝鮮から弾道ミサイルが発射されてから四～六分経過した時点までに、海自イージスBMD艦から発射されたSM－3迎撃ミサイルが弾道ミサイル弾頭を直撃する、というのが理想的なシナリオとなる。

迎撃用のSM－3ミサイルは、攻撃目標である弾道ミサイル弾頭が飛翔する放物線軌道と速度がわからないと発射できない。弾道ミサイル弾頭の放物線軌道と速度は、ブースター（ロケット推進装置）から弾頭が放出され放物線を描いて飛翔を始めると、即座にイージス戦闘システムにより計算されて判明する。

したがって、海自イージスＢＭＤ艦からＳＭ－３迎撃ミサイルが発射されるのは、対日攻撃用弾道ミサイルが発射されてから二分前後経過した時点ということになる。そして、それから二～四分以内にイージスＢＭＤ艦から発射されたＳＭ－３迎撃ミサイルが放物線軌道の頂点で弾道ミサイル弾頭を直撃するのが理想ということになる。

ただし、放物線軌道の頂点に弾頭が達する手前で撃破することも、ＳＭ－３迎撃ミサイルが時間的に到達できさえすれば可能である。また、弾頭が頂点を過ぎて加速しながら落下し始めても、大気圏に再突入する以前であるならば、ＳＭ－３迎撃ミサイルで撃墜することは可能である。

飛翔時間が短い対日攻撃用弾道ミサイルを撃破するのは、頂点から大気圏再突入の間になる場合が多い。ただし、あくまで弾道ミサイル放物線軌道の頂点付近で撃破できるようにＳＭ－３迎撃ミサイルを発射するイージスＢＭＤ艦を配置するのが原則である。

日本に必要なイージスＢＭＤの数

二〇一四年、海上自衛隊が装備しているＳＭ－３ブロック１ミサイルは、最高速度マッハ九（秒速約三キロ）、最大射程距離一二〇〇キロ、最大射程高度五〇〇キロといった飛翔能力を持っている。したがって、現行のＳＭ－３迎撃ミサイルを使用するイージスＢＭＤの迎撃射程圏を一二〇〇キロとするのは、アメリカ防衛にとってはその通りであるが、日本防衛にとっては必ずしも正確な理解とはいえない。

最高速度マッハ九のＳＭ－３迎撃ミサイルが、最大射程距離である一二〇〇キロ地点から発射されて弾道ミサイル弾頭を直撃するまでに要する時間はおよそ七分である（ＳＭ－３迎撃ミサイルが発射されて瞬時にマッハ九に達するわけではない）。上記のように海自イージスＢＭＤ艦からＳＭ－３迎撃ミサイルが発射されるのは弾道ミサイルが発射されてからおよそ二分前後であるため、発射から九分前後経過した地点で弾道ミサイルは撃破されることになる。

すると、対日攻撃用短距離弾道ミサイルの場合はすでに着弾してしまっているし、準中距離弾道ミサイルの場合でも、弾道ミサイル弾頭はすでに宇宙空間から大気圏に再突入してしまっており、ＳＭ－３迎撃ミサイルでは迎撃はできないことになる。

一方、中国や北朝鮮からアメリカ本土を攻撃する大陸間弾道ミサイル（ＩＣＢＭ）の場合、対日攻撃用弾道ミサイルよりも強力なブースターで三～三・五分程度の加速上昇をしてからミサイル弾頭が放出されるため、ＳＭ－３迎撃ミサイルが発射されるのはＩＣＢＭが発射されてから三～三・五分経過したあとでよいことになる。それから七分経過、すなわちＩＣＢＭが発射されてから一〇～一〇・五分経過した時点では、ＩＣＢＭ弾頭は未だに放物線の頂点に達していないため、十二分にミッドコース内での撃破が可能である。

要するに、イージスＢＭＤシステムは、第一義的にはアメリカを敵のＩＣＢＭから防衛するために開発されているシステムであり、日本にとってはすべての性能が適合するわけではない、ということである。

日本のイージスＢＭＤシステムにおけるＳＭ－３迎撃ミサイルの攻撃時間（イージスＢＭＤ艦から発射されてから弾頭を直撃するまでの時間）は、短距離弾道ミサイルを迎撃する場合、理想的には二・五分以内、準中距離弾道ミサイルの場合は四分以内ということになる。

したがって、短距離弾道ミサイルを迎撃する海自イージスＢＭＤ艦は迎撃目標ポイントから四五〇キロ圏内に位置していることが望ましいことになり、準中距離弾道ミサイルを迎撃する海自イージスＢＭＤ艦は迎撃目標ポイントから七二〇キロ圏内に位置していることが望ましい。

しばしば「ＳＭ－３迎撃ミサイルの最大射程距離は一二〇〇キロであるから、イージスＢＭＤ艦を一隻日本海上に配備すれば北海道から沖縄本島までカバーでき、二隻を配置すれば北海道から与那国島《よなぐにじま》まで万全に防御できる」という議論があるが、日本防衛に関しては誤りということになる。

日本を対日攻撃用弾道ミサイル（短距離弾道ミサイルと準中距離弾道ミサイルのミック

図表２　イージスBMD艦３隻態勢（射程450キロ）

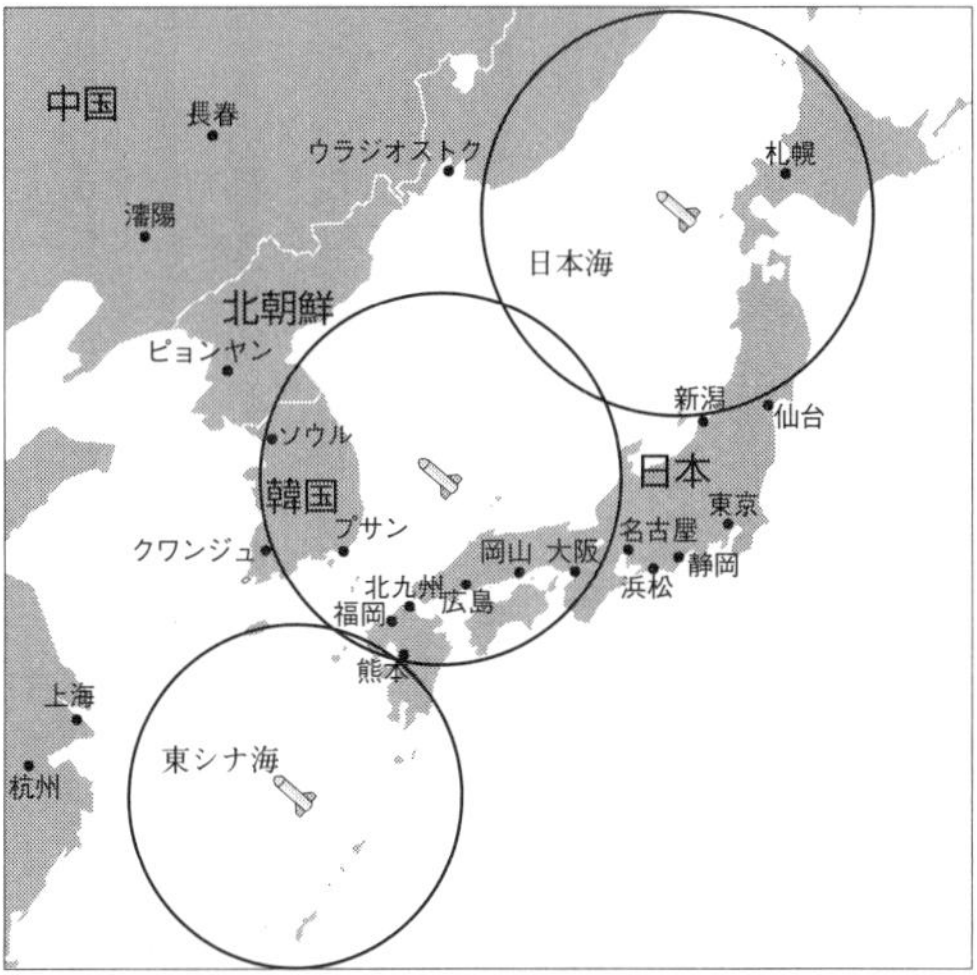

図表３　イージスBMD艦４隻態勢（射程450キロ）

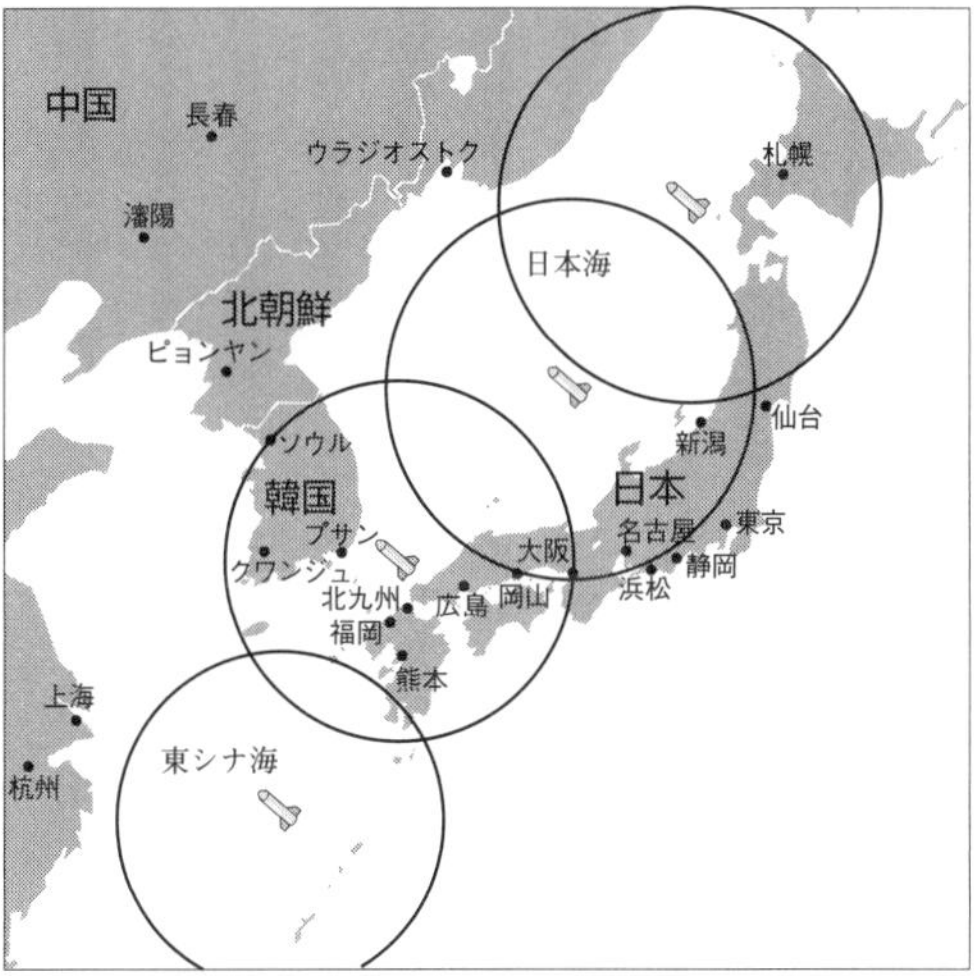

ス）からイージスBMDシステムでカバーするには、最低でも三隻のイージスBMD艦を展開させる必要があることになる（前頁の図表2・3参照）。

SM－3迎撃ミサイルの発射数は

海上自衛隊の「こんごう」型イージスBMD艦のミサイル発射装置には、物理的には最大で九〇基のSM－3迎撃ミサイルを装填《そうてん》することができる。そして、「あたご」型には最大九六基装填可能である。ちなみに、アメリカ海軍イージスBMD巡洋艦には最大で一一二基のSM－3迎撃ミサイルを、同イージスBMD駆逐艦には最大で九六基のSM－3迎撃ミサイルを装填することができる。

しかし、通常の作戦行動において軍艦は、SM－3迎撃ミサイル以外にも自己防衛用の各種ミサイルを装備しなければならない。そのうえ、SM－3迎撃ミサイルの価格が超高額（現行バージョンで一基二五億円、最新型はさらに高額になる予定）であるといった理由などによって、二〇一五年時点で、アメリカ海軍や海上自衛隊などでは、それぞれのイージスBMD艦のミサイル発射装置には八基のSM－3迎撃ミサイルが装填されているのみだ。

迎撃用のミサイル発射は一つの目標に対して少なくとも二基が理想とされている。ただし、数十基以上の弾道ミサイルを連射してきた場合、引き続いてどれだけの数の弾道ミサイルを撃ちかけてくるのかは、迎撃中にはわからない。したがって、たとえイージスＢＭＤ艦に多数のＳＭ－３迎撃ミサイルが装填されていても、迎撃ミサイルを数限りなく発射できるような状態でない限り、一つの目標（弾道ミサイル弾頭）に対して二基のＳＭ－３迎撃ミサイルで対処し続けるのは難しいことになってしまう。

まして現状では、個々のイージスＢＭＤ艦がＳＭ－３迎撃ミサイルを八基しか搭載していない以上、それぞれの迎撃目標に対してＳＭ－３迎撃ミサイルを一基ずつしか発射できないことになる。

そのため現状では、海上自衛隊のイージスＢＭＤ艦全艦が出動した状態で、三二基のＳＭ－３迎撃ミサイルが敵の弾道ミサイルを待ち受けることになる。

間もなくイージスＢＭＤ艦が六隻に増強されると、ＳＭ－３迎撃ミサイルの最大発射可能数は四八基になる。すると、イージスＢＭＤシステムの撃墜率が現在の成績の通り八二・四％であったならば、ＳＭ－３迎撃ミサイルを全弾発射した場合の期待できる撃墜可能弾頭数は、三九発（二〇一五年現在は二六発）ということになる。

また、現実的な想定とはいえないが、ＳＭ－３迎撃ミサイルで目標の弾道ミサイルをことごとく撃墜できたとしても、最大で四八発（二〇一五年現在は三二発）の弾頭しか撃破できない。したがって、五〇基の弾道ミサイル攻撃を受ければ、少なくとも二発、六〇基ならば一二発、一〇〇基ならば五二発の弾頭は、間違いなくイージスBMD警戒網を突破して日本に向かうのである。

イラク戦争の弾道ミサイル撃墜率

一方、ペイトリオット-3防空ミサイルシステム(PAC-3)は、対航空機防空ミサイルシステムであるペイトリオット-2システム(PAC-2)をベースとして、弾道ミサイル迎撃用に発展させた防空システムである。

弾道ミサイル迎撃システムが存在しなかった湾岸戦争当時、アメリカ軍はPAC-2を用いて、イラク軍が発射するスカッド短距離弾道ミサイルを撃墜しようとした。しかし、航空機を撃破するために開発されたPAC-2では弾道ミサイルには歯が立たず、撃墜率はひと桁台に留まってしまった。

そこで、PAC-2の各種構成要素を弾道ミサイル迎撃用に改良することにより誕生したのがPAC-3である。二〇〇三年のイラク戦争で初陣《ういじん》を飾ったPAC-3は、イラクが発射した二基のスカッド短距離弾道ミサイルに対して四基のPAC-3迎撃ミサイル(弾道ミサイル防衛システムとしてのPAC-3とシステムの一部であるPAC-3迎撃ミサイルを混同してはならない)を発射して、スカッド短距離弾道ミサイルを二基とも撃墜することによってデビューを果たした。

その後も実戦や実験を通して改良が進められ、現在アメリカや日本をはじめNATO諸国などにも配備されているのは、PAC－3／config.3という改良型であり、さらに新型のPAC－3MSEへと更新が予定されている。

いずれのバージョンにせよ、システムとしてのPAC－3はそれぞれ車輛（トレーラー）に搭載された高性能レーダー、情報処理装置、射撃管制装置、無線関係装置、アンテナ装置、自家発電装置、それにインターセプターであるPAC－3迎撃ミサイルを発射する発射装置などによって、弾道ミサイル迎撃システムを形成している（日本のマスコミ等がPAC－3と呼んでいるのは、ミサイル発射装置のことである）。

PAC－3はアメリカをはじめとするNATO諸国などでは陸軍が運用しているが、日本では航空自衛隊が運用している。

航空自衛隊は、教育訓練用や補修時の予備用を含めて一八セットを保有しており、全国一五の航空自衛隊高射隊に実戦配備されている。各高射隊のPAC－3にはPAC－3迎撃ミサイルとPAC－2ミサイル（航空機迎撃用）との共用発射装置（M901）三台、ならびにPAC－3迎撃ミサイル専用発射装置（M902）二台が割り当てられている。

M901には最大で四基のPAC－3迎撃ミサイルが、M902には最大で一六基のPA

C－3迎撃ミサイルが装塡可能である。

弾道ミサイル迎撃には、迫り来る弾頭一発に対して通常は二基の迎撃ミサイルを発射することになるため、上記を合計し、理論上では、一つのPAC－3部隊あたり最大で二二発の敵弾道ミサイル弾頭を待ち受ける態勢がとれることになる。迎撃ミサイル数だけを考えると、PAC－3はいかにも「イージスBMDシステムをすり抜けた弾道ミサイル弾頭をことごとく撃破する頼もしいゴールキーパー」といった宣伝文句の通りのように見える。

極めて高いPAC－3の迎撃率

このようなPAC－3の心強いイメージは、防御地点周辺にPAC－3が配備されている場合には、まさにその通りといえる。しかし、実際にはPAC－3は拠点防衛用の弾道ミサイル防衛システムであり、現行のPAC－3迎撃ミサイルの射程距離は二〇キロである（近い将来配備されるPAC－3MSEミサイルの射程は三五キロに延長される予定である）。したがってPAC－3が展開している地点から半径二〇キロ（将来的には三五キロ）以内で高度一五キロ以下を落下してくる弾頭に対してだけ、PAC－3の迎撃は有効なのだ。

PAC－3による撃墜率は極めて高いため、その防衛圏内の目標を弾道ミサイルで攻撃する場合には、攻撃成功率が極めて低いことを承知のうえで行わなければならない。したがって、数量に限りがある高価な弾道ミサイルで、あえてＰＡＣ－３の餌食《えじき》になってまでも発射する必要性が乏しい目標を攻撃することは差し控えられる。

ある意味では、ＰＡＣ－３は、単に配備しておくだけでも抑止効果が期待できる効果的な受動的抑止兵器ということになる。

航空自衛隊が現在のところ保有している一八セットのＰＡＣ－３すべてが稼働状態にあり、展開時間も十分にあった場合、ＰＡＣ－３が配置された一八エリアを中心として半径二〇キロの範囲だけが、ＰＡＣ－３によるミサイル防衛可能地域ということになる。

しかし、それ以外の場所にとっては、日本のミサイル防衛はイージスＢＭＤシステムただ一つということになる。しばしば、「日本のミサイル防衛はイージスＢＭＤシステムとＰＡＣ－３の二段構えになっている」という表現を耳にするが、それは最大一八エリアに関してだけであり、日本の大部分はイージスＢＭＤシステム一段構えということになる。

原発防衛に必要なＰＡＣ－３の数

ＰＡＣ－３は比較的限定された地域だけを防衛するための弾道ミサイル防衛システムであるため、配置場所の選定が極めて重要になる。そして、ＰＡＣ－３は発射装置をはじめとして一〇輛前後の大型トレーラーで移動するシステムであるため、敵が弾道ミサイルを発射する以前に、あらかじめ防御すべき地点に移動させておき、迎撃態勢を完了させておかねばならない。

どの地点にＰＡＣ－３を展開させるかは政府・国防当局が決定するのであるが、手持ちのＰＡＣ－３が一八セットと限られているため、展開場所決定は極めて困難となる。

一八セットのＰＡＣ－３のうち二セットは沖縄本島に配備されている。また、青森県の航空自衛隊車力《しゃりき》分屯基地に配備されている一セットは、アメリカ軍の弾道ミサイル防衛用高性能レーダーシステムを防衛しなければならない。そして、政府がＰＡＣ－３により首都圏を防衛すると決断した場合、最小でも二セットのＰＡＣ－３が必要となる。

もし一八セットのＰＡＣ－３すべてが稼働状態であったとしても、原子力発電所、石油精製所、石油化学コンビナート、火力発電所、浄水施設などの重要インフラ、あるいは自衛隊施設、飛行場、港湾施設、放送局などを防衛するために展開できるＰＡＣ－３は一三セットと、極めて頼りない数になってしまう。

たとえば、福島第一原発事故の再発を防ぐため「受動的放射能兵器」ともいえる全国の原子力発電所を敵の弾道ミサイル攻撃から防衛するには、最小でも一五のＰＡＣ－３部隊を原発防衛のために配置しなければならない。

このように、防御すべきエリアに比べてＰＡＣ－３保有数が一八セットと極めて少数であるため、弾道ミサイルで攻撃する側がわざわざＰＡＣ－３によって防衛されている地点を攻撃目標に設定する必要はない。ＰＡＣ－３で防衛されていない攻撃目標は、いくらでも選ぶことができるのだ。

日本での巡航ミサイル防衛は簡単

さて、単純な軌道を超高速で飛翔（落下）してくる弾道ミサイルと違い、航空機のように複雑に針路を変えながら飛行して攻撃目標に接近・突入する長距離巡航ミサイル（以下、巡航ミサイル）の針路を予測することはできない。

しかし、巡航ミサイルの巡航速度はジェット旅客機並みの低速である。たとえば、アメリカ軍のトマホーク巡航ミサイルの巡航速度はおよそマッハ〇・七五（海面上超低空で時速八九〇キロ）であり、中国の東海10型や長剣10型はおよそマッハ〇・九（海面上超低空で時速一〇七〇キロ）である。

このように「低速」であるため、ひとたび巡航ミサイルを発見して捕捉し続ければ、戦闘機などの航空機を撃破するための対空ミサイル（戦闘機、艦艇、地上から発射される）によって撃墜することは難しくない。

たしかに、巡航ミサイルの大きさは戦闘機などの小型航空機よりはかなり小さいが、最高速度がマッハ二・五にも達する戦闘機に比べれば、マッハ〇・七〜〇・九で飛翔する巡航ミサイルを撃破するのは、技術的には容易である。

たとえば、最高速度マッハ二・五、巡航速度マッハ〇・九の航空自衛隊F－15戦闘機に搭載されているAAM－4空対空ミサイルは、敵航空機のみならず、巡航ミサイルのような小型目標を撃破する能力にも優れている。

また、海上自衛隊艦艇に搭載しているシースパロー艦対空ミサイルは、二五〜五〇キロ以内に接近した巡航ミサイルを撃破する能力を備えているし、SM－2艦対空ミサイルは、一二〇キロ以内の巡航ミサイルを撃破することが可能である。

さらに、航空自衛隊が運用するPAC－2地対空ミサイルは一〇〇キロ以上先の巡航ミサイルを撃破することができ、陸上自衛隊の〇三式中距離地対空ミサイルは五〇キロ先の、八一式短距離地対空ミサイルは一〇キロ前後先の巡航ミサイルを撃ち落とすことができる。

このように、理論的には「ひとたび発見して捕捉を継続しさえすれば」、巡航ミサイルは様々な迎撃《げいげき》手段によって容易に撃ち落とすことができるとされる。そして、周囲を海で囲まれている日本に巡航ミサイルを撃ち込むには、どうしても巡航ミサイルは「隠れ場所のない」海面上空を飛翔しなければならないため、航空自衛隊が誇るE－767早期警戒管制機（AWACS）やE－2C早期警戒機（AEW）により、日本に近づく巡航ミサイルを洋上で発見するのは困難ではない。

そのため、日本に対して巡航ミサイル攻撃を仕掛けるには、巡航ミサイルが洋上を飛翔する時間を最短にするため、航空機（爆撃機）や艦艇（駆逐艦、フリゲート、潜水艦）で日本沿岸に極力近づいてから発射しなければならない。したがって、そのような航空機や艦艇を発見して撃退すれば、対日巡航ミサイル攻撃は封殺できる。

巡航ミサイルの探知はどうやる

以上のように、巡航ミサイルにとっては危険地帯である「隠れ場所のない」海に守られているため、巡航ミサイル攻撃は、日本では恐れられていない。現に、日本政府やメディアなどでも、弾道ミサイルの脅威は強調しているが、巡航ミサイルの脅威についてはほとんど取り沙汰されることはない。

しかしながら、日本と同様に海からの攻撃に備えなければならないアメリカやオーストラリアなどでは、昨今、性能の向上が著しい巡航ミサイル攻撃の脅威に対する関心が高まっている。これは、ひとたび発射されて海面や地表すれすれの高度を変針しつつ飛行する巡航ミサイルを発見するのは、現実には至難の業であるという理由に基づいている。

まして、昨今の巡航ミサイルには対レーダー処理が施してあり、ある程度のステルス性は確保されているため、ＡＷＡＣＳやＡＥＷに搭載してある高性能センサーによって探知することはできても、かなり短い距離にならないと発見できないとされている。ちなみに、アメリカは多数の早期警戒管制機や早期警戒機を運用しているし、オーストラリアも早期警戒管制機を運用している。

日本での巡航ミサイル発見に対する楽観的な姿勢は、対潜哨戒機《しょうかいき》での潜水艦探知に対する楽観的姿勢と類似している。

かつて米ソ冷戦時代に、ソ連海軍潜水艦の脅威から極東海域でのアメリカ空母部隊を護るために対潜哨戒能力の強化を期待された海上自衛隊は、現在もアメリカ海軍についで多数の対潜哨戒機Ｐ－３Ｃを保有している。そして、日米合同演習などを通して海上自衛隊の対潜能力は極めて高く評価されている。

しかしながら、演習は演習、実戦は実戦、というのがアメリカ海軍関係者の考え方である。たしかに、演習では敵軍役の潜水艦はＰ－３Ｃに探知されてしまうが、実戦（有事だけでなく演習以外の平時も含む）状況では、まったく存在が知れない敵、そして味方の潜水艦が大海原に潜んでいても、そう簡単に発見されるものではない。

自らが軍事紛争に際し、多数のトマホーク巡航ミサイルを敵に撃ち込み、またＡＷＡＣＳ、Ｊ－ＳＴＡＲ、Ｅ－２Ｃなどの各種警戒機を多数運用しているアメリカ軍関係者の多くが、実戦での現実を熟知しているがゆえに、「いったん発射されてしまった巡航ミサイルを探知し発見するのは至難の業である」と口をそろえる。また、「巡航ミサイルを探知するには、なんといっても発射される瞬間を発見しなくてはならない」とも指摘する。

要するに、いつ、どこで発射されるかまったく知りえない状況下で、海面あるいは地表すれすれの低空を時速九〇〇～一〇〇〇キロ程度の速度で飛行する極めて小型の飛翔体を探知するのは神業《かみわざ》に近い、というのが実情のようである。

そのため、アメリカ軍やNATO軍では、巡航ミサイル対策は、なんといっても敵の巡航ミサイルプラットフォーム、すなわち航空機、水上戦闘艦、潜水艦の発見と追尾を主眼に計画が立案されている。

二四時間三六五日警戒は可能か

実戦状況下では、AWACSをはじめとする高性能警戒機で飛翔する巡航ミサイルを探知することが極めて困難であるとはいっても、発見することがまったく不可能と考えられているわけではない。実際に、AWACSやE－2Cのセンサー類にも日々改良が加えられ、巡航ミサイルや無人航空機などの超小型飛翔体を探知する能力が強化されていることも、また事実といえる。

ただし、いつ、どこで発射され、どこに向かっているのかわからない巡航ミサイルを探知するには、飛翔してくる可能性がある空域を、二四時間、三六五日、絶え間なく監視し続ける必要がある。このような長期にわたる警戒監視態勢を、航空機によって実施することは、極めて大きな労力を要する。

日本が上記のように二四時間三六五日態勢でLACM（対地攻撃用長距離巡航ミサイル）警戒監視態勢を維持するには、どのようにしなければならないだろうか？

航空自衛隊はE－767早期警戒管制機を四機、E－2C早期警戒機を一三機保有している。日本は周囲をすべて海に囲まれているため、どこからでも巡航ミサイルが飛んでくる可能性がある。そこで図表4に示したように、一機のE－767と二機のE－2Cを配置につけることによって、日本周辺空域を隙間なく警戒監視する必要がある。ただし、三ヵ所の警戒監視では、どうしても若干《じゃっかん》手薄な方面が生じてしまうことは致し方ない（図表4参照）。

四機保有するE－767のうち一機は長期間にわたる調整整備が必要なため、稼働可能なE－767は最大三機ということになる。そして一機あたりの作戦滞空時間がおよそ一〇時間であるため、京都上空の警戒飛行空域への往復をそれぞれ一時間とすると、警戒飛行時間は八時間となる。

したがって二四時間、絶え間なくE－767による警戒飛行を続けるには、「のべ三機」

図表4　航空自衛隊警戒機による警戒体制

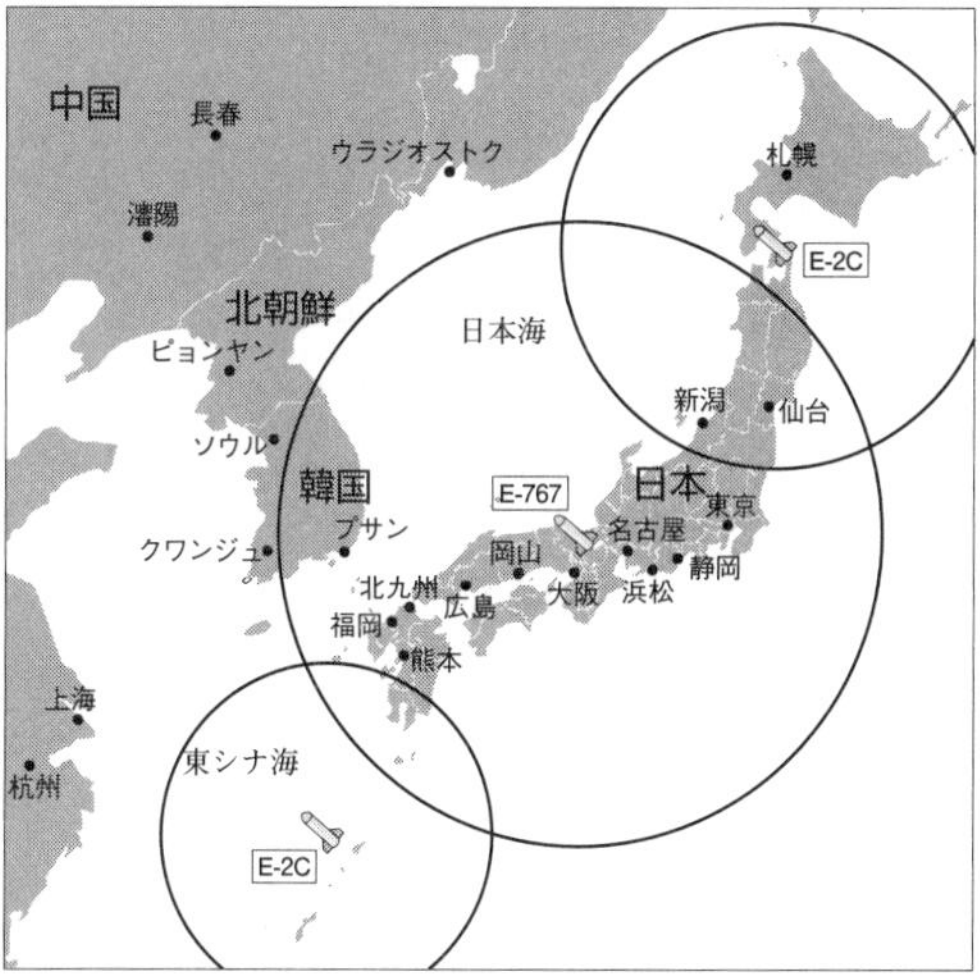

のE－767が必要になる。最大稼働機数が三機であるので、ギリギリにやりくりすれば、航空自衛隊E－767による二四時間三六五日警戒は可能ということになる。

一方、航空自衛隊はE－2C早期警戒機を一三機保有しているが、それらは三沢基地と那覇基地に分散配置されており、それぞれのグループにより図表4に示した二ヵ所の警戒飛行空域を担当することになる。

一三機のうち一機を長期整備あるいは予備機と考えると、三沢基地と那覇基地には六機ずつのE－2Cが配備されることになる。E－2Cの作戦滞空時間は六時間であるので、陸奥湾《むつわん》上空と奄美大島《あまみおおしま》上空の警戒飛行空域への往復をそれぞれ一時間とすると、警戒飛行時間は四時間となる。

したがって、二四時間絶え間なくＥ－２Ｃによる警戒飛行を続けるには「のべ六機」のＥ－２Ｃが必要になる。一グループの最大稼働数が六機であるので、Ｅ－２Ｃのほうも何とか二四時間三六五日警戒は可能ということになる。

このように、航空自衛隊が持つＥ－７６７とＥ－２Ｃすべてを投入すれば、計算上は二四時間三六五日、絶え間なく警戒監視を続けることができる。しかしながら、それらの必要な機体数はぎりぎりの状態であるため、機体にトラブルが発生したり、パイロットをはじめとして搭乗員や整備態勢に不都合が生じた場合は、極めて厳しいローテーションを強《し》いられることになる。

このような早期警戒機や早期警戒管制機の機体と搭乗員のローテーションがタイトな状況は、少なくとも八ヵ所の警戒飛行空域を設定しなければならないアメリカ軍にとっては、自衛隊以上に厳しい。そこでアメリカ軍は、巡航ミサイル防衛システムとしての長期警戒監視システムの開発を進めたのである。

巡航ミサイル攻撃に対し自衛隊は

敵が発射した弾道ミサイルを探知し追尾、そして迎撃することに特化した弾道ミサイル防衛（ＢＭＤ）システムの開発は、未だに百発百中のレベルには程遠いものの、数種類のシステムが実戦配備についている。

しかしながら、対地攻撃用長距離巡航ミサイル（ＬＡＣＭ）を探知し追尾、そして迎撃することに特化した長距離巡航ミサイル防衛（ＣＭＤ）システムの開発は、ＢＭＤのはるか後《こう》塵《じん》を拝する状態が続いていた。すでに述べたように、巡航ミサイルがアメリカにとっては大陸間弾道ミサイルほど脅威ではないため、ＣＭＤの研究開発が後回しにされたのである。

アメリカで唯一開発中のＣＭＤは、統合対地攻撃用巡航ミサイル防衛高空待機捕捉センサー（ＪＬＥＮＳ）と呼ばれている巡航ミサイル警戒用センサーを、既存の対空ミサイルシステム（ＰＡＣ－２やＰＡＣ－３など）と連動させて迎撃するシステムである。

大型の気球に取り付けたセンサーを高空に浮かせておいて常時周囲を監視し、巡航ミサイルを発見次第、センサーと連動している射撃制御システムが防空ミサイルとリンクして、地上のミサイルが巡航ミサイルに向けて発射される、という原理になっている。

このように、現状では対地攻撃用長距離巡航ミサイルに対抗する専用の迎撃システムは存在しない。したがって、飛翔してくる巡航ミサイルを探知するには、上記のように早期警戒機や早期警戒管制機を総動員して、二四時間三六五日警戒監視を続ける方法しかない。

しかしながら、実戦で巡航ミサイルを多用してきたアメリカ軍関係者たち自身が、実戦状況では、とりわけ奇襲先制攻撃を受けた場合には、いつ、どこから、どこに向かって飛翔するのかわからないうえ、ステルス性もあるため、巡航ミサイルを探知するのは極めて困難だと考えているのが現状である。

とはいっても、探知性能が向上している各種警戒機によって発見できないというわけではないのもまた事実。もし、航空自衛隊のAWACSやE－2Cが、日本に向かって飛翔してくると思われる巡航ミサイルらしき飛翔体を探知したとしよう。自衛隊はどのように対処するのであろうか？

爆撃機はもちろん戦闘機などが日本の防空識別圏（ADIZ）を日本領空に向かって飛行している状況は、E－767やE－2Cといった警戒機だけではなく、全国二八ヵ所に設置されている航空自衛隊レーダー網や、作戦中の海上自衛隊艦隊防空システムによっても捕捉される。

しかし、航空機よりも小型でステルス性が高く、かつ海面すれすれを飛行する巡航ミサイルを、日本領空のはるか手前で探知できるのは、高高度から低空を見下ろして監視する警戒機だけである。こうして自衛隊警戒機が巡航ミサイルを探知するであろう最大距離は、日本沿岸から五〇〇キロほど遠方と考えられる。

ただし、探知した時点では航空機ではない小型の飛翔体としか認識できない。飛行プランが提出されていない航空機が自衛隊の防空警戒網によって探知され、日本領空に接近すると思われる場合には、航空自衛隊戦闘機が緊急発進（スクランブル）をして不審航空機に接近、機種や国籍を確認するとともに、日本領空に侵入しないように警告を発する。これを無視した場合には、自衛隊機は威嚇射撃を実施して、領空から遠ざける措置《そち》をとる。

航空自衛隊の那覇基地（沖縄県）、新田原《にゅうたばる》基地（宮崎県）、築城《ついき》基地（福岡県）小松基地（石川県）、百里基地（茨城県）、三沢基地（青森県）、千歳《ちとせ》基地（北海道）では、二四時間三六五日、不審航空機接近に備えて緊急発進態勢をとり続けている。

それらの基地では、それぞれ戦闘機二機が、不審機の接近に対してスクランブル命令が発令されてから五分以内に離陸し、不審機に向かうことになっている。

この「五分待機」の戦闘機二機に加えて、三〇分以内に緊急発進が可能な態勢をとっている戦闘機が二機（「三〇分待機」）あり、「五分待機」の戦闘機二機が緊急発進した場合には、「三〇分待機」の二機が新たな「五分待機」の準備をすることになる。そして、「五分待機」「三〇分待機」の四機に加えて、さらに二機が「六〇分待機」として「三〇分待機」に繰り上がる準備を整えているのである。

不審航空機接近のケースに準じて、未確認小型飛翔体に対しても航空自衛隊戦闘機がスクランブルすることになる。発令から五分以内に発進して、マッハ〇・七五〜〇・九で飛翔する巡航ミサイルの倍以上の高速で飛ぶ航空自衛隊戦闘機は、日本沿岸から二五〇キロ程度の場所で巡航ミサイルと遭遇するであろう。

しかしながら、超低空を飛行する巡航ミサイルらしき飛翔体に警告を発することはできないし、威嚇射撃をしても無駄である。それならば、捕捉した自衛隊戦闘機は、直ちに対空ミサイルを発射して撃墜してしまえばよいのか?

自衛隊法をはじめとする日本の防衛法制は、自衛隊のすべての行動は、あらかじめ許可されている種類のものしか実施できないという「ポジティブリスト」に拠っている。不審航空機に対する航空自衛隊戦闘機の対処は、自衛隊法第八四条で規定されているから、実施可能なのである。

しかしながら自衛隊法第八四条では、近年攻撃能力まで持つに至った無人機や巡航ミサイルなどには対応していない。もっとも巡航ミサイル迎撃の場合は、弾道ミサイル迎撃を想定している自衛隊法第八二条の三に拠って撃墜することは可能である。

ただしこの場合、航空自衛隊戦闘機が対空ミサイルを発射する以前に、同条項に基づく「弾道ミサイル等に対する破壊措置命令」が、防衛大臣によって発せられていなければならない。

なぜ海上で迎撃すべきなのか

このような法的問題はあるものの、技術的には、警戒機が発見した巡航ミサイルを航空自衛隊戦闘機によって迎撃するのは不可能ではない。ただし実際は、日本の海岸線に達し、日本上空（といっても地表から高度数十メートル）を飛翔する巡航ミサイルを撃墜するのは、極めて難しい。

というのは、日本上空に突入した巡航ミサイルは、攻撃目標に接近するまで、超低空を障害物を避けながら飛行するため、これを戦闘機で捕捉して撃墜するのは危険性が高いのである。

また複雑な地形や建造物の影響があるため、海面上空より陸上上空のほうが、いかにＡＷＡＣＳやＥ－２Ｃの高性能センサーであっても、超低空を飛翔する巡航ミサイルを追尾し続けるのは困難である。このような理由によって、巡航ミサイルの撃墜は、絶対に海面上空で実施しなければならないのだ。

ただ、ＡＷＡＣＳやＥ－２Ｃにより発見・追尾されたものの、何らかの理由で海面上で撃破することができず、海岸線を突破され陸上上空に突入してしまった巡航ミサイルは、地上からの対空ミサイルによって撃墜する途《みち》が残されている。

航空自衛隊高射隊が保有しているＰＡＣ－２対空ミサイルは、巡航ミサイル迎撃能力に優れている。また、弾道ミサイル防衛システムとしてのＰＡＣ－３によっても、巡航ミサイルを撃墜することは可能である。このほか、陸上自衛隊の八一式短距離地対空ミサイルならびに〇三式中距離地対空ミサイルによっても巡航ミサイルを迎撃することができる。

ただし、これらの地対空ミサイルは、基本的には航空自衛隊あるいは陸上自衛隊の基地防衛用である。そのため、それ以外の場所を防衛するには、ミサイル発射装置、レーダー装置、射撃管制装置などが搭載されている車輌を移動する必要がある。

しかし、ＡＷＡＣＳやＥ－２Ｃが巡航ミサイルを発見してから地対空ミサイルシステムを移動させる時間的余裕はない。したがって、自衛隊の地上発射型対空ミサイルで撃破可能な巡航ミサイルは、それらの地対空ミサイルが配備されている基地、ならびにその周辺を攻撃目標とするものに限定されるということになる。

第三章　対北朝鮮ミサイル防衛の実力

実戦シミュレーション③北朝鮮弾道ミサイルvs.自衛隊迎撃ミサイル

二〇一X年六月二五日

0700時（午前七時）

韓国への南侵を宣言した北朝鮮指導部は、アメリカ軍の兵站《へいたん》拠点となるであろう日本を対北朝鮮多国籍軍から離脱させるため、かねての戦争計画通り、日本に対する弾道ミサイル攻撃実施を命令した。下命と同時に、北朝鮮各地の秘密発射ポイントで発射準備を完了させていた朝鮮人民軍（北朝鮮軍）戦略ロケット軍から、合わせて五〇基の弾道ミサイルが、日本各地の石油化学コンビナートと西日本の原子力発電所を目指して発射された。

0700〜0701時

北朝鮮から中国東北部方面を監視中のアメリカ軍早期警戒衛星は、北朝鮮各地で弾道ミサイルらしき物体が多数発射される状況を次々と探知した。それらの探知データはアメリカミサイル防衛局、ペンタゴン、太平洋軍司令部、そして日本海をパトロール中の米海軍第七艦隊BMD巡洋艦「シャイロー」とBMD駆逐艦「フィッツジェラルド」「ステザム」とで共有された。同時に、ペンタゴンと太平洋軍司令部からは、在日米軍司令部ならびに自衛隊BMD統合任務部隊司令部にもデータが転送された。

0702〜0703時

「シャイロー」と「フィッツジェラルド」それに日本海をパトロール中の海上自衛隊BMD艦「こんごう」「ちょうかい」「みょうこう」の高性能レーダーが、北朝鮮から日本海上空へと打ち上げられた弾道ミサイルの捕捉を開始するとともに、すでに北朝鮮が敵対状態に入っているため、それら五隻のBMD艦に搭載されているイージス戦闘システムによる迎撃計算が開始される。

データリンクした日米のBMD艦のイージス戦闘システムは瞬時に迎撃プログラムを生成し、日米共同迎撃戦が開始された。各BMD艦に積載されているそれぞれ八基、合計四〇基のSM－3迎撃ミサイルが、北朝鮮の弾道ミサイルめがけて連射された。

0706〜0708時

北朝鮮軍が発射した五〇基の弾道ミサイルのうち三基は故障を起こして墜落したが、四七基は弾頭を放出するのに成功した。日本に向かって飛翔する四七発の北朝鮮弾道ミサイル弾頭に対して発射された四〇基のSM－3迎撃ミサイルのうち、三六基が弾頭を直撃した。日米のBMD迎撃網を突破したのは四発の弾頭であり、それぞれの目標めがけて超高速で落下を続けた。

0709～0710時

PAC－3弾道ミサイル迎撃システムを擁する全国一六ヵ所の航空自衛隊高射隊には、自衛隊BMD統合任務部隊司令部から、北朝鮮による弾道ミサイル発射に関する緊急通報がもたらされていた。緊急事態に直面した高射隊では、ただちに高射部隊によってPAC－3システムを発射エリアに移動させる準備にとりかかったが、七時九分、福岡県築城《ついき》基地の対空レーダーが飛翔体の接近を探知した直後、管制施設で爆発が起き、基地施設は停電状態に陥った。

その直後、佐賀県玄海《げんかい》原子力発電所の構内でも大きな爆発が起き、発電所の一部機能が制御《せいぎょ》不能に陥った。幸い、原子炉建屋《たてや》そのものや、原子炉を制御するための管制装置、電源装置には、被害は生じていない模様である。

この他にも、岡山県倉敷市水島コンビナートのＪＸ日鉱日石エネルギー水島製油所Ａ工場でも突然の大爆発が起き、現場は混乱、情報の確認ができていない。

また、七時一〇分、航空自衛隊浜松基地の早期警戒管制機（ＡＷＡＣＳ）格納エリアにも弾道ミサイル弾頭が着弾した。航空機への直撃はなかったものの、駐機エリアにクレーター状の大穴が空き、多数の死傷者が発生した模様である。

０７１０時

第一波対日攻撃から一〇分後、北朝鮮軍は再び五〇基の弾道ミサイルを、日本各地の攻撃目標に向けて発射した。

０７１２〜０７１３時

日本海上の日米ＢＭＤ艦の高性能レーダーシステムは、日本海上空を飛翔する多数の弾道ミサイルを捕捉した。それぞれのイージス戦闘システムはターゲットに対して迎撃プログラムを生成するものの、すべてのＢＭＤ艦はすでにＳＭ－３迎撃ミサイル全弾を撃ち尽くしてしまったため、迎撃は不可能。いまだに八基のＳＭ－３迎撃ミサイルを搭載している東シナ海上のイージスＢＭＤ艦へ迎撃データは瞬時に転送されたものの、東シナ海上からでは、日本海上を日本に向かって飛翔する弾頭にはSM－3迎撃ミサイルは届かない。

0715時

高価なイージスBMD艦とSM－3迎撃ミサイルを取り揃えていれば北朝鮮の弾道ミサイルなど恐れるに足りない、と迂闊《うかつ》にも過信していた日本政府首脳は、自衛隊BMD統合任務部隊司令部から、

「第一波弾道ミサイル攻撃に対して迎撃ミサイルを全弾撃ち尽くしたため、現在、日本に向かって飛翔中のおよそ五〇発の弾道ミサイル弾頭を撃破することはできなくなった。最後の砦《とりで》であるPAC－3も、不意を衝かれたため、いまだに迎撃可能状態にはなっていない模様である」

との衝撃的報告を聞かされた。

0719〜0720時

打ち上げ不調で墜落した二基を除く四八基の北朝鮮弾道ミサイルは、日米のイージス戦闘システムが的確に飛翔経路を捕捉するも為《な》す術《すべ》もなく、次々と攻撃目標周辺に着弾を開始した。

北朝鮮弾道ミサイルのなかでは命中精度が高いスカッドDは玄海原発（佐賀県玄海町）、島根原発（島根県松江市）、伊方《いかた》原発（愛媛県伊方町）の敷地内に数発ずつ着弾した。これら原発は、米軍への基地提供や武器弾薬の補給から手を引かせようと、日本政府を脅かす目的で攻撃された。そのため、原子炉建屋や管制施設は意図的に攻撃目標から外された。

しかし、命中精度が高いとはいえ平均誤差半径が五〇メートルと、アメリカや中国のピンポイント攻撃兵器である長距離巡航ミサイルの平均誤差半径（三～五メートルといったレベル）に比べるとそれほど精密な攻撃が可能ではないスカッドDは、玄海原発の管制施設や原子炉外部電源装置を直撃してしまった。

7025時

玄海原発からの報告を受けた日本政府は、玄海原発の原子炉制御は福島第一原発事故と似通った運命をたどることを予想して、ただちに玄海原発周辺二〇〇キロ以内の住民に対して避難命令を発した。同時に、さらなる弾道ミサイル攻撃に備えて、全国各地の原発周辺二〇〇キロ以内の住民に対しても避難命令を発した。

0730時

「これでは、とてもアメリカとともに韓国を支援することなど不可能だ。むしろアメリカに働きかけて、北朝鮮に即時停戦を打診し、停戦条件交渉を開始すべきだ」との考えが多くの日本政府首脳の脳裏をよぎり始めた。

＊＊＊＊＊

西日本の大半を狙えるミサイル

北朝鮮軍は、貧弱な海軍力や空軍力しか保持しなくとも、はるか海を隔てたアメリカの圧倒的な軍事力にひれ伏さず、国益（正確には、金《キム》一族を中心としたごく小数の特権支配層の私益）を維持していくため、核弾頭搭載大陸間弾道ミサイル（ＩＣＢＭ）の開発に最大のプライオリティーを置いている。

未だに、対米攻撃用ＩＣＢＭは実戦配備されてはいないものの、その開発過程で多数の各種弾道ミサイルを生み出し、それらのなかには対日攻撃に使用することができるミサイルも少なくない。

日本では、北朝鮮が開発中のテポドン－２大陸間弾道ミサイルの発射実験の際に、日本上空を通過することから、あたかもテポドンが日本攻撃をするかのごとく騒がれている。しかし、テポドン－2は日本攻撃用の弾道ミサイルではない。

テポドン－2は、アメリカ本土を攻撃するための大陸間弾道ミサイルであって、実戦において北朝鮮がアメリカ本土に向けて発射する際には、日本列島上空は通過しない。ただ、テポドン－2開発実験段階においては、着水地点を西太平洋にする必要があるため、日本上空を通過する経路で発射しているのである。

北朝鮮が日本を攻撃するためには、テポドン－2よりはるかに射程距離が短いノドン弾道ミサイル、あるいはスカッドD弾道ミサイルが用いられることになる。このスカッドD弾道ミサイルは、北朝鮮軍が多数保有しているスカッド弾道ミサイル（北朝鮮では火星型と呼称している）のなかでも、もっとも射程距離が長い。

地上移動式発射装置（TEL）から発射されるスカッドDの最大射程距離は七〇〇～八〇〇キロとされている。そのため西日本の多くの地域がスカッドDの攻撃範囲に収まる。

スカッドDの母体となったスカッドA・B・C弾道ミサイルの命中精度は劣悪であるが、スカッドDはデジタル画像照合誘導方式という最新技術を採用したため、命中精度は飛躍的に向上して、平均誤差半径は五〇メートルといわれている。したがって、北朝鮮が保有している対日攻撃可能ミサイルのなかでは、もっとも精度が高いと考えられる。

北朝鮮軍は一〇〇~二〇〇基のスカッドDを保有しているものと考えられていた。しかしながら韓国軍事情報機関やアメリカ国防総省が二〇一三年に実施した推計によると、スカッドDの保有数は四〇~五〇基程度と大幅に下方修正されている。

このようにミサイル保有推定数が最大二〇〇基からいきなり五〇基に変更されてしまうこと自体、スカッド程度の小型弾道ミサイルの製造数や保有数を推定することが極めて困難であることを示している。

一方、衛星から監視可能な地上移動式発射装置（TEL）は、より把握しやすい。スカッドDの発射に用いられるTEL（MAZ－543）の保有数は、五〇輛前後と推定されている。

ノドンの保有数が減った理由

ノドン－2弾道ミサイルは、旧ソ連の弾道ミサイルをベースに北朝鮮が開発したもので、地上移動式発射装置（TEL）から発射される。北朝鮮軍の対日攻撃用の主力弾道ミサイルとされる。

ノドンの射程距離は一三〇〇キロと推定されており、改良型であるノドン－2の射程距離は一五〇〇キロとされている。ただ一説には、ノドン－2の最大射程は二〇〇〇キロまで延長されたといわれている。しかし、たとえ射程距離が一五〇〇キロであったとしても、日本のほぼ全域が射程圏に収まってしまう。

ノドンの命中精度は平均誤差半径が二〇〇〇メートルと、極めて精確性が低いミサイルであり、核兵器・生物兵器・化学兵器を積んだNBC弾頭を搭載し、大都市を無差別攻撃するような任務しかこなせない。一方、ノドン－2の命中精度は平均誤差半径が二五〇メートル程度に向上したといわれている。

したがって、通常弾頭を搭載したノドン－2は、ある程度広がりを持ったソフトターゲット（飛行場、工場地帯、発電所など軍事的補強がなされた強固な建造物や地下施設ではない攻撃目標）に対する攻撃や、都市部に対する攻撃に用いられることになる。

ノドンをはじめとする北朝鮮のミサイルは、北朝鮮・パキスタン・イランが提携して開発が行われたことが判明している。実際に、北朝鮮軍は二〇〇～三〇〇基のノドンならびにノドン－2を保有していたと推定されるが、少なくとも一五〇基のノドンがイランに輸出されたと考えられている。

このように、外貨獲得のためにノドンを輸出したため、その保有数は減少しており、韓国軍事情報機関やアメリカ国防総省が二〇一三年に実施した推計によると、ノドンが五〇基、ノドン－2が五〇基と大幅に下方修正されている。

一方、ノドンの移動・発射に用いるＴＥＬは五〇輌以下と見積もられている。ただし、衛星写真の分析から、ＴＥＬ工場らしき建造物が発見されており、北朝鮮がＴＥＬの国産開発能力を身に付けたらしいと推測する研究者もいる。

実戦には向かないムスダン

北朝鮮軍が保有する弾道ミサイルのうち、ノドンより飛距離が長いものの、テポドン－２のような大陸間弾道ミサイルを目指していないものが、旧ソ連の潜水艦発射型弾道ミサイルを原型に開発された地上発射型弾道ミサイル、ムスダン（ＢＭ－25）弾道ミサイルである。ノドン－Ｂあるいはテポドン－Ｘなどと呼称されることもある。

地上移動式発射装置（ＴＥＬ）から発射されるムスダン弾道ミサイルの射程距離は、最長で四〇〇〇キロともいわれている。しかしながら、北朝鮮軍事パレードで新型ＴＥＬに搭載されて登場したムスダンらしき弾道ミサイルや、北朝鮮が人工衛星打ち上げと称している銀河ロケットなどの映像資料を分析した専門家たちは、ムスダンは改良型のノドンに過ぎず、射程距離は一五〇〇キロ程度と推定している。いずれにせよ、飛翔性能は未知の状態である。

北朝鮮軍が何基のムスダンを保有しているかは不明。漏洩《ろうえい》して大騒ぎになったアメリカ国務省の極秘資料によると、一九基のムスダンがイランに輸出されたことが確認されているため、少なくともその数を上回る数のムスダンを北朝鮮軍は保有しているとも考えられている。

ただし、その極秘資料そのものの信憑性《しんぴょうせい》も確実なものではない。ムスダンならびにムスダン発射用の新型TEL（MAZ－543より車軸数が多く大型）の保有数の推定は、はなはだ困難である。

このように、ムスダンの開発に関しては未だ謎に包まれている。未確認性能情報によると、ムスダンを高高度に向けて発射する方法により、日本全土の目標を攻撃することが可能であるという。

しかしながらムスダンの命中精度は平均誤差半径が一三〇〇メートルと、依然として広域攻撃しかできない程度にとどまっており、非核弾頭を搭載して実戦に投入する種類の弾道ミサイルとはいえない。

理に適った対日ミサイル奇襲攻撃

アメリカ軍と韓国軍が策定し、常に修正が加えられている「作戦計画五〇二七号（OPLAN－5027）」といった公式な戦争計画に加えて、アメリカ軍関係機関やシンクタンクなどでは、第二次朝鮮戦争に関する各種シミュレーションが盛んに実施されている。

それらのなかには、第二次朝鮮戦争は北朝鮮による韓国侵攻（南侵）と対日弾道ミサイル攻撃で開始される、というシナリオを提示しているものもある。

いきなり第二次朝鮮戦争の劈頭《へきとう》で、日本に対して弾道ミサイル攻撃が加えられるというのは奇異な感を受けるかもしれないが、決して突飛《とっぴ》な発想ではなく、軍事合理性に基づいたシナリオと考えることができる。

北朝鮮が南侵して第二次朝鮮戦争が勃発した場合、アメリカが軍事介入し、韓国軍とともに反撃を開始することは確実である。すると日本は、これまた当然のことながら、アメリカの出撃・補給基地となることは間違いない。

北朝鮮にとり南侵を開始することは、すなわち韓国・アメリカ・日本を敵とした戦争に突入することを意味する。したがって、北朝鮮がそれら三国のうちいずれの国に先制攻撃を仕掛けようと、結局は、それら三国を相手に戦うことには変わりはないということになる。

もちろん、北朝鮮がアメリカに先制攻撃を仕掛ける（アメリカ領や、日本国内のアメリカ軍施設に弾道ミサイルを撃ち込む）ことは無謀である。というのは、いくらアメリカの参戦が確実とはいえ、開戦当初からいきなりアメリカを全面的に引きずり込んでしまう必要はないからである。

日本政府は北朝鮮の弾道ミサイルの脅威をしばしば口にはしているものの、常日頃から北朝鮮の攻撃に対処した厳戒態勢を維持しているわけではない。それだけではなく、日本は過去半世紀以上にわたって異常な防衛イデオロギーに支配された結果、外敵に対して、海を越えて敵領土に反撃する軍事力をほとんど保有していない……。

実際、自衛隊は、北朝鮮に撃ち込む弾道ミサイルも長距離巡航ミサイルも保有していない。また航空自衛隊の戦闘機と空中給油機を組み合わせて北朝鮮を爆撃する方法が理論的には成り立つが、電子戦機を持たないことや、空中給油機を少数しか持たないことなどの理由により、打撃力の小さい反撃しか期待できない。

同様に、海上自衛隊艦艇には対地攻撃用のミサイルは搭載していないため、たとえ北朝鮮沿岸に接近できたとしても、対艦ミサイルや機関砲で沿岸の建造物を破壊する程度の反撃しか実施できない。

このように、先制攻撃を仕掛けられたら必ず倍返しどころか一〇倍返しをするアメリカと違って、実質的に日本は、反撃そのものができない状態である。

それ以上に重要な点は、第二次世界大戦後七〇年間にわたって国土が直接軍事攻撃を受けたことがない日本が、実際にミサイル攻撃を受けたならば、日本政府・マスコミ・国民が大パニックに陥るであろう点である（「第一次」朝鮮戦争の際には、北朝鮮から直接、アメリカ軍策源地《さくげんち》であった日本を攻撃する手段がなかった。そのため朝鮮戦争特需により日本経済は潤ったが、「第二次」朝鮮戦争に際しては、弾道ミサイルによる直撃を被るであろう日本が特需景気に沸くことなどありえない)。

以上のような理由により、北朝鮮としては、日本に対し先制攻撃を仕掛けることにより、パニックに陥った平和国家日本を、米韓との共同戦線から脱落させることが期待できる。

そして日本が脱落することは、アメリカにとっても前進基地・補給拠点を失うことを意味するわけであり、北朝鮮はアメリカを停戦交渉に応じさせることができる。結局、アメリカや日本から何らかの政治的・経済的な妥協を引き出すことになり、韓国への本格的侵攻により民族同士で血みどろの地上戦を展開する以前に、北朝鮮特権支配階級は自らの権益を維持するという戦争目的を達成するのである。

このように、第二次朝鮮戦争を対日長射程ミサイル奇襲攻撃で開始するというシナリオは、北朝鮮側にとっては真に理に適《かな》っていることになる。

第二次攻撃で空自の防御力は消失

北朝鮮が対日先制奇襲攻撃を仕掛けるということは、日本側（自衛隊、在日米軍）が北朝鮮による弾道ミサイル攻撃に対する厳戒態勢を固めていない機会を狙って、弾道ミサイルを連射することを意味する。

したがって、海上自衛隊と米海軍のイージスＢＭＤ艦とＰＡＣ－３がずらりと臨戦態勢を取り、待ち受けている状況とは程遠い「平時」の日本に向けて、大量の弾道ミサイルが発射されることになる。

それでは、具体的にはどのような状況になるのか推測してみよう。

南侵の決意を固めた北朝鮮最高指導部は、韓国に対するロケット攻撃、弾道ミサイル攻撃、砲撃、それに特殊部隊の侵攻、ならびに韓国在住武装工作員の一斉蜂起《いっせいほうき》と時を同じくして、対日弾道ミサイル攻撃を実施する方針を決定した。

対日攻撃目的は、日本政府ならびに日本国民をパニックに陥れ、韓国・アメリカ・日本の連携から日本を脱落させることである。そして日本が脱落すると、アメリカの作戦行動には決定的に支障が生じ、効果的な韓国支援は継続困難になる。その結果、アメリカも妥協せざるをえなくなるのだ。

中国人民解放軍からの情報や、日本在住の工作員からの報告によると、平時における日本側の対弾道ミサイル警戒状況は、イージスＢＭＤ艦四隻のうち一隻が日本海を、一隻が東シナ海をパトロールしており、一八システムが実戦配備されているＰＡＣ－３のほとんどは、即戦態勢はとっていないとのことである。

ただし潜入監視員の報告によると、車力《しゃりき》分屯基地（青森県、防衛圏内に米軍弾道ミサイル用高性能レーダーサイトあり）、入間《いるま》空自基地（埼玉県、防衛圏内に在日米軍司令部あり）、知念《ちねん》分屯基地（沖縄県、防衛圏内に多数の米軍施設あり）のＰＡＣ－３部隊は即戦態勢を維持している場合が多い。

即戦態勢をとっていないＰＡＣ－３部隊はそれぞれの空自基地に待機しているため、車力・入間・知念のＰＡＣ－３配備位置から二〇キロ圏内だけがＰＡＣ－３防衛圏ということになる。

このような日本側の防衛態勢に対して、対日攻撃に投入できる弾道ミサイル戦力は、スカッドＤが五〇基（スカッド発射用ＴＥＬ五〇輛）にノドン－２が五〇基（ノドン発射用ＴＥＬ五〇輛）である。連射可能最大数は一〇〇基ということになる。

日本攻撃目的達成のためには、日本政府ならびに国民を、恐怖のどん底に陥れねばならない。したがって、一発でも多くの弾頭を着弾させる必要があるため、ＰＡＣ－３が臨戦態勢をとっている防衛圏内は攻撃目標から外す。そして、連射攻撃は二波に分け、続けて実施する。

第一波攻撃は、各地の発射ポイントからノドン－２とスカッドＤそれぞれ二五基、合計五〇基を連射する攻撃で、これら五〇基の弾道弾に対して、海上自衛隊のＳＭ－３迎撃ミサイルが全弾発射され、消耗し尽くされてしまうことが想定される。

第二波攻撃は七分後、やはりノドン－２とスカッドＤそれぞれ二五基、合計五〇基を連射する攻撃で、すでにＳＭ－３迎撃ミサイルを撃ち尽くした海上自衛隊イージスＢＭＤ防御ラインからの迎撃は行われないため、全弾が攻撃目標に着弾することとなる。

対日弾道ミサイルの攻撃目標は

対日弾道ミサイル攻撃の目的は、反撃能力のない自衛隊の戦力を破壊することではなく、国民生活に甚大《じんだい》な被害を及ぼす社会的インフラを破壊することによって、日本国民と日本政府を混乱状態に陥れることである。

日本各地には「受動的放射能兵器」ともいえる原子力発電所が、無防備の状態で、口を開けてミサイル攻撃を待っている。

福島第一原発事故で明らかになったように、比較的強固な構造物である原子炉ではなく、武力攻撃に対して脆弱《ぜいじゃく》な使用済み核燃料貯蔵プールや電源・水源システムを破壊すれば、深刻な放射能汚染が生み出される。

ただしノドン－２は命中精度が低いため、原発攻撃には向いておらず、原発攻撃はスカッドＤの受け持ちということになる。命中精度が平均誤差半径二五〇メートルと高くないノドン－２は、ある程度の広さを持つソフトターゲットである石油化学コンビナート、とくに製油所を集中攻撃することとなる。

たとえば以下の場所がスカッドＤの攻撃目標だ。

■九州電力玄海《げんかい》原子力発電所　佐賀県東松浦郡玄海町　原子炉四基
■四国電力伊方《いかた》発電所　愛媛県西宇和郡伊方町　原子炉三基
■中国電力島根原子力発電所　島根県松江市鹿島町　原子炉二基、一基建設中

また、ノドン－２の攻撃目標は以下となる。

攻撃目標	場所	原油処理能力／日
■鹿島石油鹿島製油所	茨城県神栖《かみす》市	二七万バレル
■東燃ゼネラル石油和歌山工場	和歌山県有田市	一七万バレル
■富士石油袖ケ浦製油所	千葉県袖ケ浦市	一四万三〇〇〇バレル
■ＪＸ日鉱日石エネルギー水島製油所	岡山県倉敷市	三六万五〇〇〇バレル

■JX日鉱日石エネルギー根岸製油所	神奈川県横浜市	二七万バレル
■JX日鉱日石エネルギー室蘭製造所	北海道室蘭市	一八万バレル
■JX日鉱日石エネルギー仙台製油所	宮城県仙台市	一四万五〇〇〇バレル
■JX日鉱日石エネルギー大分製油所	大分県大分市	一三万六〇〇〇バレル
■JX日鉱日石エネルギー麻里布《まりふ》製油所	山口県玖珂《くが》郡	一二万七〇〇〇バレル
■JX日鉱日石エネルギー大阪製油所	大阪府高石市	一一万五〇〇〇バレル

日本政府による停戦要請

玄海、伊方、島根原発のすべて、あるいはいずれかにスカッドDの弾頭が着弾した場合、原子炉自体が破壊されることはなくとも、電力供給システムが壊滅的損害を被ったり、使用済み核燃料貯蔵プールが破壊され、放射性物質の拡散による大災害は避けられない状況となる。

日本政府はただちに、それぞれの原発から二〇〇キロ圏内の住民に対する避難命令を発しなければなるまい。

全国各地の石油化学コンビナート、とりわけ製油所に多数の弾道ミサイル弾頭が着弾すると、日本の石油精製も壊滅的打撃を被ってしまう。その結果、重油や軽油を燃料とする火力発電所での発電もストップせざるをえない。

それに加えて、LNGを燃料とする発電所もいくつか破壊されると、日本の火力発電所による発電量は大幅に落ち込むことになる。

日本政府は、(一)極めて広範囲にわたる放射能被害への対策、(二)甚大な被害を被った電力供給や石油精製能力などのインフラ復旧、これらに全力を投入せざるをえないため、アメリカ軍と協力して北朝鮮に軍事的に対抗する国力はとても残っていないだろう。

その結果、これ以上のミサイル攻撃を避けるために戦線から離脱する決定をなし、アメリカ政府に対して第二次朝鮮戦争停戦を要請することになるであろう。

第四章　中国が仕掛ける「短期激烈戦争」

実戦シミュレーション④中国巡航ミサイルvs.空自早期警戒機

中国の対日「短期激烈戦争」は、「対日宣戦布告の二時間前から四五分前の間に、日本に向けて長距離巡航ミサイル七五〇基が発射され、宣戦布告とともに一〇〇基の弾道ミサイルが発射される。そして宣戦布告の一〇分後から、日本各地の原発、火力発電所、石油精製所、変電所、浄水場、そして自衛隊航空基地などに、長距離巡航ミサイルと弾道ミサイルの着弾が始まり、第二波弾道ミサイル攻撃中止を条件に日本は降伏する」というシナリオになっている。

対日攻撃の先鋒として日本各地に突入する七五〇基の各種長距離巡航ミサイル（ＬＡＣＭ）は、中国人民解放軍第二砲兵対日攻撃ＬＡＣＭ部隊の手により、五〇〇基ほどが地上から発射される。北朝鮮沖上空の中国空軍爆撃機からは八〇基ほどが、東シナ海上の中国海軍駆逐艦からは一〇〇基近くが、そして、西太平洋海中を潜航する二隻の攻撃型原潜からも四〇基が発射されることになっている。

これらのLACMのうち、中国東北地方から発射される東海10型LACM（DH－10）三〇〇基には「殲鬼子《ジアングイズ》001号」から「殲鬼子300号」までのニックネームが記載された。「鬼子（グイズ）」とは日本人に対する最大の蔑称《べっしょう》で、そこに日本撃破の尖兵《せんぺい》としての思いが込められていた。

二〇一X年九月一八日
0500時（午前五時）

二日前より吉林《きつりん》省通化郊外の山間部の発射ポイントで対日攻撃命令が発出されるのを待っていた第二砲兵対日攻撃LACM部隊第〇二四小隊は、三基のDH－10（「殲鬼子004号」「殲鬼子005号」「殲鬼子006号」）を搭載した地上移動式発射装置（TEL）、射撃管制車、通信管制車、自家発電車、対空ミサイル車、戦闘装甲車と二輌の隊員待機車から構成されていた。

午前五時、中国共産党政府は、午前七時をもって対日宣戦布告を発するため、対日攻撃用LACMを計画に従って順次発射するよう命令を下した。

「殲鬼子004号」の攻撃目標は静岡県の浜岡原発管制棟、「殲鬼子005号」の攻撃目標は鳥取県の航空自衛隊美保基地防空ミサイル待機エリア、「殲鬼子006号」の攻撃目標は岡山県の水島コンビナートＪＸ日鉱日石エネルギー水島製油所Ａ工場であった。

最長の一四五〇キロのルートを経て浜岡原発に達する「殲鬼子００４号」の飛翔予定時間は八二分。着弾予定時刻は午前七時一〇分に設定されたため、第〇二四小隊が発射する第一弾のＬＡＣＭである「殲鬼子００４号」の発射時刻は午前五時四八分に確定した。第〇二四小隊は最終点検を開始した。

０５４８時

第二砲兵対日攻撃ＬＡＣＭ部隊第〇二四小隊のＴＥＬから、ＤＨ‐10長距離巡航ミサイル「殲鬼子００４号」が、一四五〇キロ先の浜岡原発に向けて発射された。「殲鬼子００４号」は高度を上げて高高度で南下を開始し、北朝鮮元山《ウォンサン》上空を目指した。

０６０６時

元山上空から日本海上空に達した「殲鬼子００４号」は海面すれすれまで急降下、日本海上で針路を南東にとり、超低空で隠岐島《おきのしま》北方沖を目指した。プログラムでは隠岐島北方に達すると、針路を真南に転じて大山《だいせん》に向かって直行することになっている。

0620時

隠岐島北方二〇〇キロ沖上空付近をパトロール中の航空自衛隊早期警戒機は、北朝鮮元山沖上空を日本の防空識別圏に向かってくる多数の航空機を発見し、ただちに識別作業に入った。これらの航空機は、中国空軍のオトリ部隊で、旧式戦闘機や輸送機をはじめ、新鋭戦闘機、爆撃機なども含み、速度も針路もバラバラであり、日本の防空警戒網の注意を引きつけるのが出動目的である。

空自早期警戒機の警戒範囲に「殲鬼子004号」が突入していたが、多数の中国軍機と思われる航空機への対処に追われていた早期警戒機は、海面すれすれを飛ぶ小型飛翔体には気づかなかった。

0625〜0630時

航空自衛隊小松基地から二機のF－15戦闘機が、日本海上防空識別圏を日本領空に向かうSu－27戦闘機に対し、領空侵犯阻止のために緊急発進した。引き続き中国空軍爆撃機と思われる不審航空機に対しても、二機のF－15戦闘機が緊急発進した。

0640〜0645時

航空自衛隊戦闘機が接近してくると、隠岐島沖上空から能登沖上空にかけて多数、無秩序に飛行していた中国空軍各種航空機は、日本領空への接近をやめて、防空識別圏外縁へ取って返した。そのため、緊急発進したF－15戦闘機も帰投を開始した。

0646時

鳥取県の海岸線に達する直前に「殲鬼子004号」は海面から急上昇、大山山頂上空に達し、東に転針、再び地上数十メートル付近まで高度を下げると、低空飛行を続けた。

0703時

名古屋市上空に達した「殲鬼子004号」は、東海道新幹線上空を超低空で、豊橋、浜松、掛川と飛翔、菊川上空で進路を南東に変え、目標突入のため上昇を開始した。

0711時

プログラミング通り一四五〇キロを飛翔してきた「殲鬼子004号」は、浜岡原子力発電所の管制棟に突入した。「殲鬼子004号」に引き続いて、第〇二四小隊が発射した「殲鬼子005号」「殲鬼子006号」も、それぞれの目標に突入。

午前七時二五分までに発射された七五〇基のLACMのうち、故障で墜落した一〇基を除いた七四〇基が日本各地の目標を破壊した。それに加えて弾道ミサイル防衛システムにより一二基は撃破されたものの、八八発の弾道ミサイル弾頭が目標の破壊に成功した。

0730時

宣戦布告から三〇分と経たないうちに、数ヵ所の原発では制御システムが破壊され、メルトダウンの危険が迫った。数多くの火力発電所も大火災を起こし、石油精製施設や石油備蓄基地も破壊されてしまった。

こうした初期報告は、政府首脳に伝えられた。加えて、航空自衛隊航空基地や防空ミサイル施設も大損害を受けているとの報告が届いた。

政府首脳はただちにアメリカ政府に連絡をとったが、「対応を検討するため緊急にNSC（国家安全保障会議）を招集する」との返答がなされただけである。日本政府首脳たちは、中国共産党政府が通告してきた「ただちに降伏を表明すれば、第二波ミサイル攻撃を中止する」との脅迫に屈するしかないと決断せざるを得なくなった。

＊＊＊＊＊

人民解放軍第二砲兵部隊とは何か

日本では、北朝鮮の弾道ミサイルと核開発が、あたかも日本にとって最大の軍事的脅威であるかのように取り沙汰されている。しかし、中国の弾道ミサイルならびに長距離巡航ミサイルは、北朝鮮の弾道ミサイルなどとは比べ物にならないほど、日本にとって深刻な軍事的脅威を与える。

中国人民解放軍は伝統的に長射程ミサイル戦力を重視しており、開発初期は技術的理由ならびに経済的制約により弾道ミサイルの開発に全力を傾注した。現在も弾道ミサイルの開発・改良は継続しているが、それに加えて近年は、長距離巡航ミサイルの開発に、より多くの力を注いでいる。

これらの長射程ミサイル開発と運用の牽引役《けんいん》を担っているのが、中国人民解放軍の戦略軍として位置づけられている第二砲兵部隊（第二砲兵）である。

世界各国の軍隊の多くは、海軍、陸軍、空軍の三軍で構成されており、自衛隊もその例外ではない。ただし、アメリカ軍は海兵隊が独立した軍隊であるため、四軍で構成されている。それと似て中国人民解放軍も、陸軍、海軍、空軍、それに第二砲兵部隊の四軍で構成されている。

中国人民解放軍第二砲兵部隊というのは、四軍のなかでもっとも規模が小さい軍隊で、総兵力はおよそ一二万とされている。ちなみに中国陸軍の総兵力は、およそ一六〇万人（プラス予備役五一万人）、中国海軍は、およそ二五万五〇〇〇人、中国空軍は、およそ三三万人とされている。

一九五六年、同じ共産党独裁国家でありながら、ソ連とのイデオロギー的対立が始まったため、中国共産党はアメリカをはじめとする西側の敵だけでなく、ソ連に対しても警戒を固めなければならなくなった。当時の中国人民解放軍は、兵力だけは異常に多いが旧式装備の陸軍、極めて貧弱な空軍、それに沿岸警備隊ともみなせないような海軍で構成されていた。そのうえ中国は経済も立ち遅れていた。

したがって、アメリカやその配下の日本をはじめとする周辺諸国と軍事的に対決し、ソ連圏に対しても軍事的警戒態勢を固めるだけの強大な陸・海・空軍を建設することなど、とてもできない相談であった。

そこで毛沢東《もうたくとう》ら中国共産党指導部が、中共が単独で軍事的に生き残るために打ち出した方針が、戦略核戦力の建設であった。すなわち、中国自身がアメリカやソ連を核攻撃できる能力を手にすれば、核兵器によって世界を恫喝《どうかつ》しているアメリカやソ連に対しても、強力な抑止力を持つことができる、と毛沢東は考えたのである。

第二砲兵は共産党軍事委員会直属

実際、空軍力や海軍力が弱体であり、長距離爆撃機や航空母艦から発進する爆撃機に核爆弾を搭載してアメリカに核攻撃を実施するには、核爆弾の開発のみならず、強力な空軍力と海軍力の建設が必要であった。それは経済的にも無理であったし、そのような悠長な時間的余裕もなかった。

そこで毛沢東らが決断したのは、核弾頭搭載大陸間弾道ミサイルの開発。もちろん、このような戦略核ミサイルの開発は容易ではないものの、近代的空軍や海軍の構築に比べればはるかに、経済的にも技術的にも、そして時間的にも有望な方策と考えられた。

当時、中国には、核爆弾も弾道ミサイルも巡航ミサイルも存在しなかったため、中国の頭脳を結集してミサイル技術と核爆弾技術の研究・開発が開始された。こうして中国技術陣は、一九六〇年一一月五日、射程は短距離（五〇〇キロ程度）だが、弾道ミサイル（東風1型）の打ち上げに成功した。そして、東京オリンピック開催中の一九六四年一〇月一六日、中国は最初の核実験に成功したのだった。

やがて、アメリカ本土にまで到達する大陸間弾道ミサイルには程遠いが、日本の一部を射程圏に収める「東風2型」の開発に成功すると、一九六六年七月一日、中国人民解放軍戦略ミサイル軍が極秘裏に設立された。当時の首相であった周恩来《しゅうおんらい》は、中国の将来を託すこの戦略ミサイル軍を「第二砲兵」と命名した。

中華人民共和国が国連に加盟した一九七一年には、日本全土それにフィリピンを射程に収め、両国の米軍基地を壊滅させることができる核ミサイル「東風３型」を開発。一九七五年には、グアム準州、ハワイ州、アラスカ州を射程圏に収めた「東風４型」大陸間弾道ミサイルの開発に成功した。

その後も、第二砲兵の戦略ミサイル技術開発は絶え間なく続き、ついに一九八一年には、アメリカ・カナダのほぼ全域を射程圏に収める「東風５型」大陸間弾道ミサイル（ＤＦ－５）の開発を成し遂げた。いまだに配備されているＤＦ－５大陸間弾道ミサイルに搭載されている核弾頭の威力は、広島型原爆の二〇〇倍以上と考えられている。

こうして、一九八四年一〇月一日の建国記念日に、第二砲兵は、公式にその存在が認められた。その後も第二砲兵は戦略ミサイルの開発に邁進《まいしん》し、大陸間弾道ミサイルや核弾頭搭載ミサイルのみならず、様々な距離の目標を攻撃するための非核弾頭搭載弾道ミサイルも多数開発している。そして近年では、弾道ミサイルのみならず、より低価格で大量生産が可能な、精密攻撃に適する長距離巡航ミサイルも大量に保有するに至っている。

旧式装備で身を固め、人海戦術のみが取り柄《とえ》であった「オンボロ軍隊」の時代から、最新兵器も数多く揃え、アメリカ軍でさえ強敵とみなすようになった現在に至るまで、中国共産党の対米防衛戦略のボトムラインに脈々と流れている基本方針は、「最小核報復能力による抑止戦略」、すなわち「アメリカが核攻撃で上海を壊滅させたら、中国はロサンゼルスを火の海にする」という報復的抑止戦略であり、それは毛沢東や周恩来の目論見《もくろみ》通りに成功しているとみなすことができる。

中国国防戦略の根幹を支える第二砲兵は、中国人民解放軍の他の三軍（陸・海・空軍）と違って、共産党中央軍事委員会に直属している。

第二砲兵司令部は北京清河鎮《せいかちん》に位置し、全国八ヵ所に基地が設置されている。また、研究・開発も第二砲兵の主たる任務であり、第二砲兵指揮学院、第二砲兵工程学院、第二砲兵装備研究院といった教育機関を直属させている。

対日攻撃用弾道ミサイルの全貌

第二砲兵は、台湾やベトナムなどを攻撃するための非核弾頭搭載短距離弾道ミサイルから、アメリカを攻撃するための核弾頭搭載大陸間弾道ミサイルまで、多種類の弾道ミサイルを保有している。

ただし、中国が保有する多数の弾道ミサイルのなかで唯一の例外的存在は、戦略原子力潜

図表5　寧波郊外からDF-15を発射した場合の射程圏

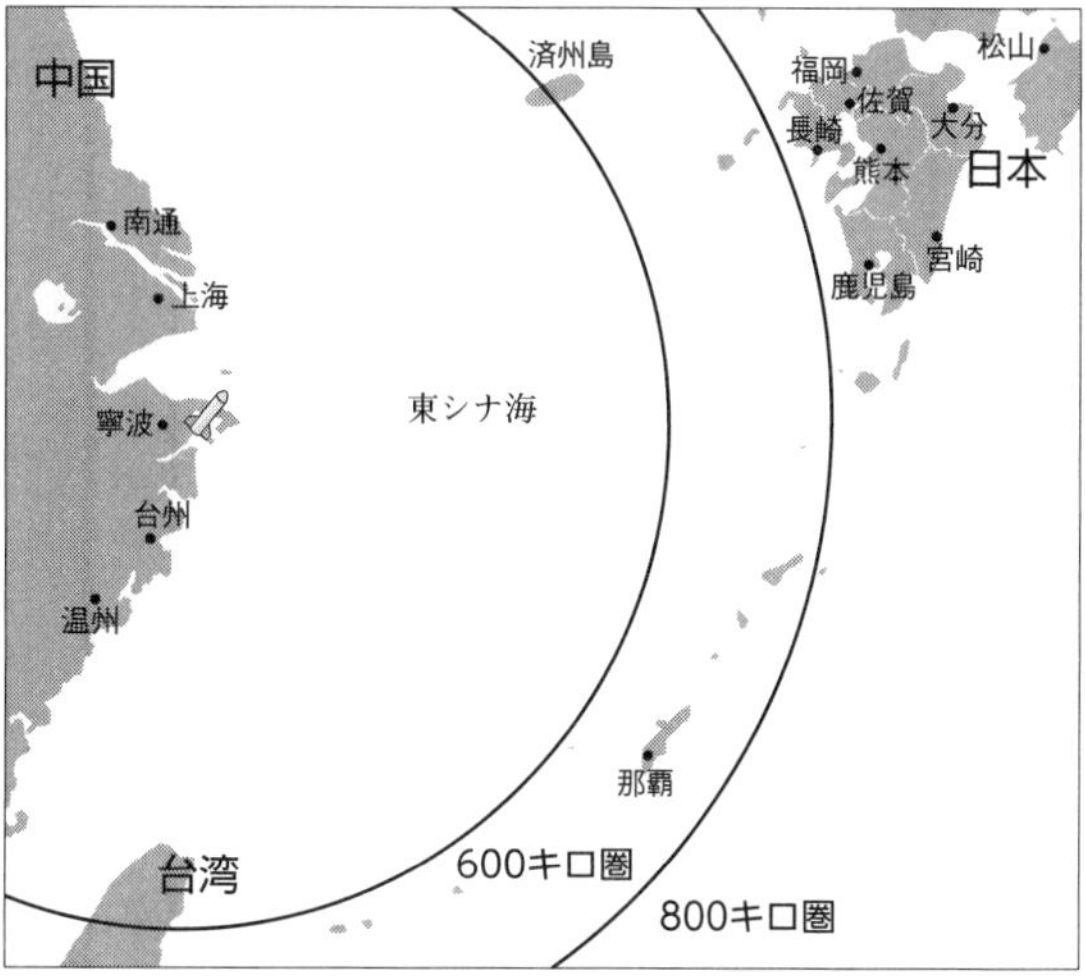

水艦から発射される核弾頭搭載弾道ミサイル巨浪1型（JL－1）と巨浪2型（JL－2）で、これらの対米報復核攻撃用弾道ミサイルは、中国海軍が運用している。

第二砲兵は、主として台湾攻撃用の比較的射程距離が短い東風15型弾道ミサイル（DF－15）を多数（一二〇〇基以上）配備している。DF－15には射程距離や攻撃能力が異なるいくつかのバリエーションがあり、それらはDF－15A、DF－15B、DF－15Cと呼ばれている。いずれも、地上移動式発射装置（TEL）から発射される。

もともと各種東風15型ミサイルは、台湾に対する「短期激烈戦争」用に大量配備されているため、最大射程距離は六〇〇～八〇〇キロである。したがって、DF－15を対日攻撃に使用する場合には、沖縄本島を中心に、奄美大島から与那国島《よなぐにじま》に至る南西諸島の一部しか攻撃することができない。コンピュータ制御の終局誘導制御システムが付加されたため命中精度が高まり、平均誤差半径は三〇〜四五メートルといわれている。

そして、第二砲兵が保有している弾道ミサイルのうち、対日攻撃用に使用される可能性がもっとも高いのが、東風21丙《へい》型弾道ミサイル（ＤＦ－21Ｃ）である。

核弾頭搭載の東風21甲《こう》型と、その高性能バージョンである東風21乙《おつ》型の発展型として、射程距離を延ばすとともに弾頭重量を増やして、通常弾頭を搭載したのが東風21丙型弾道ミサイル（ＤＦ－21Ｃ）である。射程距離は一七〇〇キロとも二五〇〇キロともいわれている。

いずれにせよ、対日攻撃用弾道ミサイルの基地と思われる中国吉林省の第二砲兵通化基地周辺からＤＦ－21Ｃを発射すると、日本のほぼ全域（射程一七〇〇キロの場合、小笠原諸島へは届かない）が射程圏内に収まっている。

非核弾頭を搭載するためにＤＦ－21Ｃのペイロード（ミサイルの場合、主として攻撃用弾頭などの搭載重量）は二〇〇〇キロまで拡大されたため、四〇〇〇ポンドの高性能爆薬弾頭が搭載でき、極めて強力な破壊力を持っている。

また、ＤＦ－21Ｃの命中精度は、平均誤差半径が四〇メートル程度と向上している。すなわち、同一の攻撃目標に対して四基のＤＦ－21Ｃを発射すると、攻撃目標の中心点から半径

図表６　通化郊外からＤＦ-21Ｃを発射した場合の射程圏

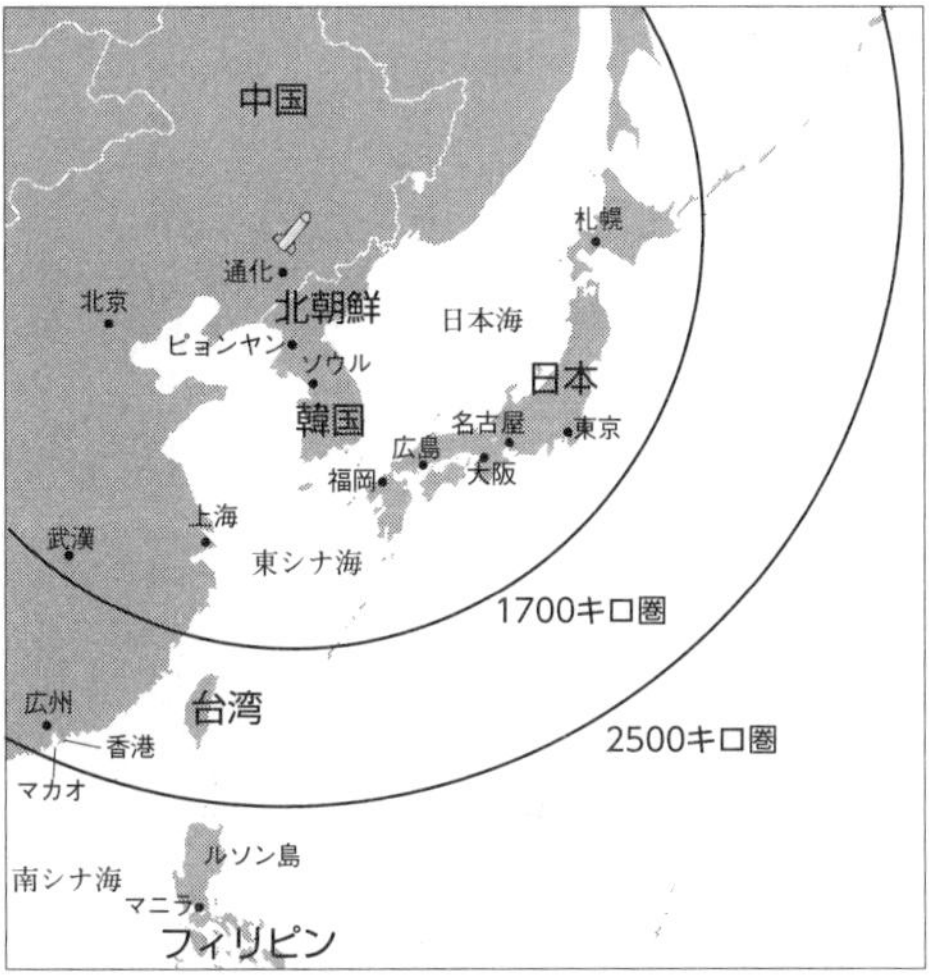

四〇メートルの円内に、少なくとも二発の弾頭が必ず命中する性能を持っているということだ。このため、ＤＦ－21Ｃによる攻撃は都市部などに対する無差別攻撃だけではなく、ある程度ピンポイントに近い焦点を絞った攻撃が実施可能である。

ミサイル基地の固定式サイロではなく地上移動式発射装置（ＴＥＬ）から発射されるＤＦ－21Ｃは、日本を攻撃する際には、中国と北朝鮮の国境方面に配備されているＤＦ－21Ｃに加え、遠方の攻撃最適地に移動させることも可能である。

第二砲兵がＤＦ－21Ｃを何基保有しているのか、またＤＦ－21Ｃ発射用ＴＥＬを何輌保有しているのかに関する確実なデータは明らかにされていない。近年ますますミサイル増産態勢を加速させている状況や、各国情報機関のミサイル分析などから推定すると、二〇一四年には、第二砲兵はＤＦ－21Ｃを少なくとも一〇〇基以上、ＴＥＬを一〇〇輌前後は保有しており、さらに増産中であると考えられる。

日本までの飛翔時間は一〇分以内

中国人民解放軍が打ち出している接近阻止・領域拒否戦略の主たる仮想敵は米海軍であり、その米海軍戦略の要《かなめ》こそが空母打撃群（ＣＳＧ）である。

空母打撃群は一隻の航空母艦（航空部隊が艦載されている）を中心に、一～二隻のイージスミサイル巡洋艦、二～三隻のイージスミサイル駆逐艦、一～二隻の攻撃原子力潜水艦、補給タンカー、弾薬補給艦から構成されている。

米中戦が勃発した場合、アメリカ海軍空母打撃群による中国接近をできるだけ遠洋で阻止するために、空母（加えて、補給艦や、場合によっては一緒に出動する海兵隊を搭載した強襲揚陸艦《ようりくかん》のような大型艦）を、中国本土から攻撃して撃破するために開発されている最新兵器、それが東風21丁《てい》型弾道ミサイル（ＤＦ－21Ｄ）である。これも他の東風21型ミサイル同様に、第二砲兵が運用する。

ＤＦ－21Ｄの射程距離は一四五〇～二八〇〇キロとされているが、攻撃目標が時速三〇ノットで航行する移動目標であるため、目標捕捉に技術的な疑問が呈されている。ただし未確認ながらも、様々な情報筋によると、ＤＦ－21Ｄは攻撃終局段階では、自ら装備しているレーダーや光学センサーによって攻撃目標をとらえて突入する、とされている。

世界最大級の軍艦であるアメリカ海軍航空母艦を攻撃するために開発されたＤＦ－21Ｄの破壊力は、一発目の命中弾で、少なくとも空母の作戦能力（艦載機の離着艦、指揮統制など）を機能停止させ、二発目の命中弾によって空母を撃沈する、と見積もられている。ただし、いまだに（本書執筆時点では）巨大艦船に対する実射テストがなされたわけではないため、真の威力は中国人民解放軍自身も未確認である。

ＤＦ－21Ｄが実際に配備された場合、日本周辺海域を航行する海自大型艦（たとえば「ひゅうが型」ヘリ空母、「ましゅう型」補給艦）を攻撃し、撃沈することが可能ということになる。また、ＤＦ－21Ｄの中国から日本各地までの飛翔時間は一〇分以内であるため、停泊中の海自大型艦は格好の攻撃目標となる。

世界最強の長距離巡航ミサイル

第二砲兵により日本攻撃に用いられる長射程ミサイルは、弾道ミサイルだけではない。中国技術陣が近年、急速に高度な技術を実用化させている対地攻撃用長距離巡航ミサイル（Ｌ

ACM）によっても、日本全域の地上目標が攻撃可能になっている。

地上戦力である第二砲兵が運用するすべての巡航ミサイルは、地上移動式発射装置（TEL）から発射されるが、巡航ミサイルには航空機から発射されるもの、水上戦闘艦や潜水艦から発射されるものもあり、それらは第二砲兵ではなく、中国空軍や中国海軍が運用している。

第二砲兵は一九七七年から長距離巡航ミサイルの開発に着手したが、ターボファンエンジンの製造技術習得から開始しなければならず、開発は難航した。しかし、ソ連の崩壊にともなって、一九九二年にはロシアの巡航ミサイル技術者や科学者を大量に（一五〇〇名以上といわれている）雇い入れることにより、ロシアの先進巡航ミサイル技術を急速に手に入れることに成功。その後もウクライナ経由で、旧ソ連の強力なKH－55対地攻撃用長距離巡航ミサイル六基を入手し、中国版長距離巡航ミサイルの開発に拍車がかかった。

その中国が作り出した対地攻撃用長距離巡航ミサイルの第一号は紅鳥1型（HN－1）と呼ばれ、一九九九年から実戦配備が始まり、現在も配備中であるといわれている。そして、紅鳥1型巡航ミサイルの性能を飛躍的に発展させたのが紅鳥2型巡航ミサイル（HN－2）、東海10型（DH－10）ならびに長剣10型（CJ－10）と呼ばれる巡航ミサイルである。

ただし、紅鳥1型とその発展型である紅鳥2型に関しては、保有数をはじめとする信頼できるデータがほとんど確認されていない。そして、紅鳥2型と東海10型それに長剣10型の基本的性能データは、ほぼ一致している。したがって、紅鳥2型と東海10型と呼ばれる巡航ミサイルは、同一のものであると考えられている。

また、東海10型と長剣10型も詳細にわたる情報が公開されているわけではないが、地上（TEL）発射バージョンと艦艇（水上戦闘艦・潜水艦）発射バージョンの巡航ミサイルが東海10型と呼ばれており、爆撃機発射バージョンの巡航ミサイルが長剣10型と呼ばれているようである。

東海10型と長剣10型の開発にあたっては、アメリカのトマホーク巡航ミサイルの技術を大幅に取り込んだものと考えられている。米軍をはじめとする情報機関によると、中国はパキスタン経由で数基のトマホーク巡航ミサイルを入手するとともに、アメリカがイラク戦争などで多数発射したトマホーク巡航ミサイルの残骸を買い集めたとのことである。その結果、東海10型と長剣10型は、中国版トマホーク巡航ミサイルともいえる性能を達成している。

地上発射バージョンならびに艦艇発射バージョンである東海10型巡航ミサイル（DH－10）は最大射程距離が二〇〇〇キロで、命中精度が平均誤差半径五メートルとされている。そして第二砲兵は、三基のDH－10を搭載する地上移動式発射装置（TEL）を一〇〇輛以上運用していると考えられている。つまり、第二砲兵は三〇〇基のDH－10を連射することができるということだ。

また０５２Ｃ型駆逐艦（六隻保有）、０５２Ｂ型駆逐艦（二隻保有）、０５４Ａ型フリゲート（二〇隻保有）などには、ＤＨ－10が四連装のミサイル発射装置二基が取付可能である。したがって、これらの軍艦には最大（理論上）で一一二基のＤＨ－10が搭載されることになる。

さらに最新型駆逐艦である０５２Ｄ型駆逐艦に装備された新型六四連装垂直ミサイル発射装置からは、ＤＨ－10を発射することが可能である。０５２Ｄ型駆逐艦は、二〇一五年一月現在、一隻が運用中であるが、二〇二〇年までには一二隻が運用されることになっている。この場合、０５２Ｄ型駆逐艦からは最大（理論上）で七六八基のＤＨ－10が発射可能ということになる。

潜水艦発射バージョンの東海10型巡航ミサイル（ＤＨ－10）は最大射程距離が一五〇〇キロで、命中精度が平均誤差半径五メートルとされている。ＤＨ－10は新鋭０９３Ｂ型攻撃型原子力潜水艦ならびに間もなく登場する最新鋭の０９５型攻撃型原子力潜水艦に装備された二四本の垂直発射管（ＶＬＳ）に装塡される。

０９３Ｂ型攻撃型原潜は、二〇一五年一月現在、すでに二隻が運用中であるといわれており、間もなく六隻が就役する予定とされている。また０９５型攻撃型原潜もスピードアップして建造が進められており、二〇二〇年ごろには一二隻が就役するといわれる。すると、それらの攻撃型原潜からも最大で四三二基のＤＨ－10が発射可能ということになる。

航空機から発射される長剣10型巡航ミサイル（ＣＪ－10）の最大射程距離は二二〇〇キロとも二五〇〇キロともいわれており、三〇〇〇キロという情報もある。ＣＪ－10は中国海軍の轟炸６Ｍ型（Ｈ－６Ｍ）爆撃機あるいは中国空軍の轟炸６Ｋ型（Ｈ－６Ｋ）爆撃機から発射される。Ｈ－６Ｍは四基のＣＪ－10を翼下に搭載することが可能で、最新鋭のＨ－６Ｋは六基のＣＪ－10を翼下に搭載することができる。

Ｈ－６型爆撃機の戦闘行動半径は三五〇〇キロと長いが、日本上空に接近することなく、たとえば中国東北地方上空からＣＪ－10を発射しても、日本全域が射程圏にスッポリと収まってしまう。

東海10型（ＤＨ－10）も長剣10型（ＣＪ－10）も、それぞれ保有数は公式には明らかにされていない。ただし、開発製造グループの生産速度の推定などから、二〇一〇年ごろには東海10型ならびに長剣10型は少なくとも五〇〇基以上配備されており、毎年一〇〇基以上のスピードで産出されている模様である。

このように、人民解放軍の長距離巡航ミサイル保有数は弾道ミサイル以上に秘密のベールに覆《おお》われている。このことは、人民解放軍は弾道ミサイル以上に長距離巡航ミサイルを戦略的に重視している事実を物語っている。

「戦わずして勝つ」戦略とは

さて、中国共産党指導部が（理由はどうあれ）対日軍事攻撃を決断した場合、中国人民解放軍が絶対に逸脱してはならない大原則は、「アメリカの本格的軍事支援が実施される以前に日本政府を屈服させる」ことである。これは、対日軍事攻撃のみならず、台湾侵攻を含む周辺諸国への軍事攻撃に際しての鉄則である。

この原則に則《のっと》った中国人民解放軍の戦略を本書では「短期激烈戦争」と呼称する（短期激烈戦争〈SHORT SHARP WAR〉は、アメリカ海軍太平洋艦隊諜報情報作戦部で使われていたもので、二〇一四年二月に公の場で用いられて有名になった語である）。

中国共産党政府ならびに人民解放軍が準備している周辺諸国に対する戦争形態、この短期激烈戦争とは、一言でいうならば、「これまでの軍事紛争では経験がないほどの大量の長射程ミサイルによる集中攻撃によって、短時間のうちに、敵国政府・国民の抗戦意志を打ち砕き屈服させる」ということになる。

このため、中国人民解放軍は様々な弾道ミサイルや長距離巡航ミサイルの開発と大量生産を推し進めており、それと並行してそれらのプラットフォーム（地上発射装置、軍艦、航空機）の整備や指揮・統制システムの開発にも全力を傾注している。

現代の最先端テクノロジーによって初めて可能となる短期激烈戦争は、まったくの新機軸ということになる。「将軍たちは過去の経験で将来の戦争を戦おうとする」といわれるように、軍隊での教育訓練の基礎は古今東西の戦史から引き出した戦訓にあるため、過去に拘泥《こうでい》してしまうと、新機軸を生み出したり、それに対処する柔軟性を失う傾向が強い（もちろん戦史・戦訓は新機軸を生み出すためにも極めて重要であることは事実であるが）。

したがって短期激烈戦争の概念は、柔軟的思考に欠ける軍事組織や軍事関係者にとっては受け入れがたい戦略といえるかもしれない。しかし、しばしば新機軸としての戦略や戦術が、戦争や軍事の潮流を抜本的に変化させたことは、それこそ世界の戦史が物語っている。

ただし中国人民解放軍が、台湾や日本に対する短期激烈戦争に勝利するための準備を着々と進めているとはいっても、多数の長射程ミサイルを実際に発射して軍事攻撃を開始してしまうのは下策《げさく》である。すなわち、実際の軍事攻撃を開始する前段階で短期激烈戦争の可能性を突きつけて恫喝し、中国の政治的要求を台湾政府や日本政府に受諾させる、という流れの「戦わずして勝つ」戦略こそが上策《じょうさく》ということになる。

もちろん、短期激烈戦争を示唆《しさ》して軍事的に恫喝する場合、台湾や日本が、その甚大なる被害を認識できるだけの、長射程ミサイル攻撃能力を保持していなければならない。虚仮威《こけおど》しでは「戦わずして勝つ」ための威嚇は功を奏さないのだ。上策である軍事的恫喝のためには、十二分に短期激烈戦争で勝利するだけの実力を保持している必要がある。

「対日短期激烈戦争」の手順

それでは近い将来に、中国共産党指導部が対日短期激烈戦争に踏み切った場合、中国人民解放軍はどのような攻撃を実施することができ、日本側はどのように防衛することが可能なのか、具体的シナリオ分析により考察してみることとする。

対日短期激烈戦争の（このシナリオにおける）政治的目的は下記の通りである。

① 東シナ海の中国権益は大陸棚延長説によることを日本政府に認めさせる。
② 尖閣諸島は中国固有の領土であることを日本政府に認めさせる。
③ 奄美群島以南の南西諸島ならびに周辺海域を非武装地域とするための日中交渉を開始することを日本政府に認めさせる。

また、軍事的目的は以下のようなものとなる。

人類史上初めての規模にのぼる厖大《ぼうだい》な数の長射程ミサイルを主体とした奇襲集中攻撃によ

り、日本の弾道ミサイル防衛能力と防空能力を飽和《ほうわ》させ、それらの大半を破壊する。そして、原子力発電所攻撃の可能性によって日本政府と日本国民を恫喝し、アメリカ軍の本格的軍事介入が開始される以前に日本政府を屈服させる。

まず、第一次攻撃。日本に対する宣戦通告（X時）直後から日本各地の攻撃目標に着弾を開始するように、多数の対地攻撃用長距離巡航ミサイル（LACM）を発射する。

X時、日本に対して開戦を通告。弾道ミサイル攻撃はX時直後から開始する。巡航ミサイルと弾道ミサイルによる第一次攻撃では、自衛隊の弾道ミサイル防衛戦力ならびに防空戦力に大打撃を与える。これによって、第二次攻撃以後では、さほどの危険を伴うことなく、日本に中国人民解放軍航空機を接近・侵入させることが可能になる。

日本への降伏勧告と第二次攻撃

X時から三〇分後、日本政府に対して直ちに降伏するように勧告する。三〇分以内に降伏勧告を受け入れない場合には、原子力発電所や石油コンビナートをはじめとする重要インフラに対し、第二次攻撃が実施される可能性があることを通告する。

この通告とともに、原子力発電所周辺からの避難勧告を、日本国民に向けて様々な通信手段によって広報する。同時にアメリカ政府に対しても、降伏勧告を受諾して第二次攻撃を避けるべきであると日本政府を説得するよう勧告する。

X時から一時間後、日本政府が降伏勧告を受け入れなかった場合には、原子力発電所を攻撃すると通告したにもかかわらず、日本政府は勧告を受け入れなかった旨の非難声明を日本国民に向けて発する。そののちに第二次攻撃を実施。

第二次攻撃は航空機に搭載したLACMを含む各種巡航ミサイルにより、航空機掃討戦、ミサイル部隊掃討戦、対艦攻撃を実施する。これにより、自衛隊が日本領空ならびに周辺空域の航空優勢を手にする可能性は完全に消滅する。また、海上自衛隊の日本周辺海域での作戦行動も極めて危険な状態となる。

それらの軍事目標に対する攻撃と並行して、原子力発電所敷地内の安全エリアに弾道ミサイルを着弾させる攻撃を散発的に実施する。これによって、日本政府が降伏勧告を受諾することを急《せ》かす。同時に、アメリカ政府に対しても、降伏勧告を受諾して原子力発電所が攻撃されるのを避けるべきであると日本政府を説得するよう勧告する。

第一次攻撃の目標地点は

自衛隊は、中国領域に対する攻撃能力はほとんど保有していない。しかし、航空自衛隊の防空警戒網、海上自衛隊の対空駆逐艦戦力、それに航空自衛隊と陸上自衛隊の対空ミサイル戦力は、中国人民解放軍航空機による日本接近を十二分に阻止する能力を維持している。

そこで、大量の長射程ミサイルによる完全なる奇襲攻撃である第一次攻撃に際し、それらの自衛隊防空システムを可能な限り破壊することによって、以後の対日攻撃で自衛隊が日本周辺空域の航空優勢を手にする可能性を断つ。

日本国内の攻撃地点は、以下のような場所になる。

① 航空自衛隊レーダーサイト（攻撃用ミサイル発射数、DH－10：二八〇基）

二八ヵ所のレーダーサイトすべてに、それぞれ一〇基のDH－10巡航ミサイルを撃ち込み、航空自衛隊地上センサー網を沈黙させる。

② 航空自衛隊浜松基地（攻撃用ミサイル発射数、DH－10：一〇基、DF－21C：二基）

浜松基地のE－767早期警戒管制機（AWACS）駐機エリア、格納庫、滑走路、その他の基地施設に対して、一〇基のDH－10巡航ミサイルと二基のDF－21C弾道ミサイルを撃ち込み、一機出動しているであろうAWACS以外のAWACS部隊に大打撃を与える。

③ 航空自衛隊那覇基地（攻撃用ミサイル発射数、DH－10：二〇基、DF－15：二基）

那覇基地のE－2C早期警戒機、F－15戦闘機、P－3C哨戒機の駐機エリア、格納庫、滑走路、その他の基地施設に、二〇基のDH－10巡航ミサイルと二基のDF－15弾道ミサイルを撃ち込み、E－2C警戒部隊と戦闘機部隊、それに海上自衛隊哨戒機部隊、ならびに陸上自衛隊へリコプター部隊に大打撃を加える。

④　航空自衛隊三沢基地（攻撃用ミサイル発射数、DH－10：二〇基）

三沢基地のE－2C早期警戒機、F－15戦闘機の駐機エリア、格納庫、その他の基地施設に二〇基のDH－10巡航ミサイルを撃ち込み、E－2C警戒部隊と戦闘機部隊、それに海上自衛隊哨戒機部隊に大打撃を加える。三沢基地は米軍と共同使用しているため、弾道ミサイル攻撃は実施しない。

⑤　航空自衛隊築城基地・新田原《にゅうたばる》基地・千歳基地・百里基地・小松基地（攻撃用ミサイル発射数、DH－10：五〇基、DF－21C：一〇基）

それぞれの基地の戦闘機駐機エリア、格納庫、誘導路、その他の基地施設に各一〇基のDH－10巡航ミサイルと各二基のDF－21C弾道ミサイルを撃ち込み、戦闘機部隊に大打撃を加える。

⑥　航空自衛隊高射隊（攻撃用ミサイル発射数、DH－10：一七〇基）

全国一七ヵ所の航空自衛隊高射隊基地それぞれの対空ミサイル装置格納庫、司令部施設その他の基地施設に、各一〇基のDH－10巡航ミサイルを撃ち込み、高射隊に大打撃を加える。

⑦　海上自衛隊イージスBMD艦（攻撃用ミサイル発射数、DF－21D：六基）
弾道ミサイル防衛のために出動中のイージスBMD艦以外の、軍港に停泊中のイージスBMD艦に対して、対艦弾道ミサイルDF－21Dをそれぞれ二基発射する。
⑧　陸上自衛隊〇三式中距離地対空ミサイル部隊（攻撃用ミサイル発射数、DH－10：一一〇基、DF－15：八基、DF－21C：一四基）
第二高射特科群（四個中隊四ヵ所）、第八高射特科群（三個中隊三ヵ所）、第一五高射特科連隊（沖縄：四個中隊四ヵ所、ただしうち一個中隊は一一式短距離地対空ミサイル配備）それぞれの部隊に対し、DH－10巡航ミサイル一〇基、ならびに弾道ミサイル二基を発射。

第一次攻撃で飛来するミサイル数

第一次対日攻撃のための巡航ミサイルは、対日宣戦通告時（X時）以降に日本領空へ到達するように、X時の二時間前から発射を開始する。

遼寧省《りょうねい》・吉林省《きつりん》・黒竜江省《こくりゅうこう》各地に展開した第二砲兵巡航ミサイル部隊の一〇〇輌のTELから発射される三〇〇基の東海10型長距離巡航ミサイル（DH－10）は、北朝鮮上空から日本海に抜けると、海面上超低空を巡航して日本に向かうことになる。

元山《ウォンサン》付近上空から日本海に進出した場合、六五〇キロで山口県と島根県の海岸線に到達する。羅先《ラソン》周辺上空から日本海に進出した場合、八五〇キロで福岡県北九州市から北海道の積丹《しゃこたん》半島に至る日本海岸に到達する。

いずれにせよDH－10が日本沿岸から五〇〇キロ圏内の日本海上を三〇分近く巡航する間に、日本海上空で警戒監視にあたる航空自衛隊の早期警戒管制機（E－767）、早期警戒機（E－2C）に探知される可能性がある。したがって、探知可能性を軽減するための陽動欺瞞《ぎまん》作戦が必要となる。

また、遼寧省・吉林省から日本海上に進出したH－6爆撃機から長剣10型長距離巡航ミサイル（CJ－10）を発射する場合、日本海上の日本のADIZ（防空識別圏）空域内でCJ－10を発射すれば、発射状況は日本側レーダーならびに早期警戒管制機と早期警戒機によって探知される可能性が極めて高い。同様に浙江《せっこう》省から東シナ海に進出したH－6爆撃機からCJ－10を発射する場合も、日本側センサーによって発射を探知される可能性が高い。

したがって、第一次攻撃での爆撃機からのCJ－10による攻撃は、日本側にH－6爆撃機と発射状況を探知されない中国東北地方・朝鮮国境付近上空から実施する。

また、上海・舟山《しゅうざん》群島沖の洋上の駆逐艦からDH－10を沖縄方面に向けて発射した場合には、東シナ海上空を警戒中のE－2Cによって発見される可能性が高い。一方、九州方面に向けて発射されたDH－10は、巡航経路によっては発見される可能性は低くなる。

また、バシー海峡西方南シナ海洋上の駆逐艦から沖縄方面に向けて発射されたDH－10は、沖縄に三〇〇キロほど接近した太平洋上空で、E－2Cによって探知される可能性があるが、確認には手間取るものと考えられる。

さらに、日本の太平洋沿岸から一二〇〇～一五〇〇キロ沖合の太平洋海中の攻撃型原潜から発射されたDH－10Cは、日本に一〇〇～二〇〇キロ接近した太平洋海上で、E－767やE－2Cによって発見される可能性はあるが、極めて低い。

このように、巡航ミサイルは探知されにくいとはいっても、航空自衛隊早期警戒管制機や早期警戒機によって探知される可能性がないわけではない。飛翔中の巡航ミサイルを航空自衛隊のE－767やE－2Cが発見し、日本に危害を加える不審飛翔体と判断した場合、航空自衛隊戦闘機（通常は二機）が緊急発進して、対空ミサイルにより撃墜することになる。

したがって、できるだけ多数の巡航ミサイルを日本上空に到達させるためには、航空自衛隊の迎撃戦闘機戦力を飽和状態に近づけておく必要がある。そのためには、以下のような陽動欺瞞作戦を実施する。

陽動欺瞞作戦の全貌

巡航ミサイルは、日本の領空に到達する六〇〇～五〇〇キロ手前で、すなわちX時の三〇

〜三五分前に、日本の早期警戒管制機と早期警戒機によって探知される可能性がある。したがって、その時間帯に航空自衛隊戦闘機が投入されないように仕向けなければならない。

航空自衛隊は、日本全国七ヵ所の基地（沖縄県那覇、宮崎県新田原、福岡県築城、石川県小松、茨城県百里、青森県三沢、北海道千歳）で、それぞれ二機の戦闘機が、五分以内に飛び立てるような緊急発進態勢をとり続けている。

したがって、日本の防空識別圏の七ヵ所でほぼ同時に日本領空に接近する不審機が発見された場合、七ヵ所の航空自衛隊基地から計一四機の戦闘機が緊急発進することになる。

中国が日本に対して宣戦通告をするX時以前には、航空自衛隊戦闘機は不審機が中国人民解放軍軍用機であることを確認すると、日本領空に接近しないよう、あるいは日本領空から立ち去るように警告することになる。

もちろん、自衛隊は「自衛」しか許されていないため、中国人民解放軍機から攻撃されない限り、警告射撃以上の攻撃は絶対に実施しない。

そこで、X時の四〇分前に航空自衛隊戦闘機に緊急発進命令が発令されるように、第一波陽動作戦機として、戦闘機、爆撃機、哨戒機、偵察機などの各種航空機多数を最小で七組、日本海と東シナ海上空の日本ADIZ空域内を分散飛行させる。

この段階で七ヵ所の自衛隊基地から一四機の戦闘機が緊急発進し、七組の中国人民解放軍機に接近することになる。

第一波陽動作戦機に航空自衛隊戦闘機が対峙《たいじ》しているX時の三〇分前、第二波陽動作戦機七組が、日本のADIZ空域に接近し、航空自衛隊の緊急発進機第二陣を導き出す。引き続き日本ADIZ空域内に七組の航空機を送り込み、自衛隊戦闘機を引きつけては、最終的に自衛隊機の警告に従って帰投するという波状陽動機動を実施する。

この陽動作戦中に、遼寧省・吉林省・黒竜江省各地のTEL、中国東北地方・北朝鮮国境付近上空のH－6爆撃機、上海・舟山群島沖の駆逐艦、バシー海峡西方南シナ海の駆逐艦、それに本州東南一五〇〇キロ沖合太平洋海中の攻撃型原潜から発射され、日本海、東シナ海、そして太平洋上の超低空をマッハ〇・九で飛行する巡航ミサイル（日本側が探知した時点では小型の不審飛翔体としか認識できない）に対する航空自衛隊機の緊急発進は、とても実施できる状況ではなくなるであろう。

このようにして、航空自衛隊戦闘機による迎撃戦力を飽和させておく間に洋上低空を日本に向け飛来する巡航ミサイルは、X時直後には日本領土上空に突入。以後は、地表近くの低空を、プログラミングされた通りに、障害物を避けながら日本各地の第一次攻撃目標（航空自衛隊レーダーサイト、航空自衛隊基地、航空自衛隊高射隊、陸上自衛隊高射特科部隊、陸上自衛隊地対艦ミサイル連隊）へと殺到する。

弾道ミサイル攻撃は防げるのか

第一次対日弾道ミサイル攻撃は、X時の開戦通告を確認次第、即座に実施する。遼寧省・吉林省・黒竜江省各地から発射される東風21丙型弾道ミサイル（DF－21C）は、一〇分程度で九州から北海道にかけての攻撃目標に到達し、浙江省・福建省各地から発射される東風15型弾道ミサイル（DF－15）は、七分程度で沖縄諸島の攻撃目標に到達する。

対する日本。早期警戒衛星を保有していないため、弾道ミサイル発射の瞬間を探知することはできない。しかし、アメリカの早期警戒衛星の情報は即座に海上自衛隊のイージスBMD艦にリンクされることになる。

通常は、海上自衛隊の六隻のイージスBMD艦のうち、三隻は警戒任務にあたっていると考えられる。したがって、日本が発射可能なSM－3迎撃ミサイルは二四基（沖縄～九州方面八基、九州～北海道方面一六基）ということになる。

また、アメリカ第七艦隊のイージスBMD艦も二～三隻は警戒任務に従事しており、在日アメリカ市民と在日米軍防衛という名目で、日本に向かう弾道ミサイルを迎撃する可能性は否定できない。

こうしてアメリカのイージスBMD艦三隻が加勢すると、日米あわせて最大で四八基（東シナ海方面一六基、日本海方面三二基）のSM－3迎撃ミサイルを発射することが可能となる。実戦の弾道ミサイル防衛では、一つの迎撃目標に対して少なくとも二基の迎撃ミサイルが発射されるので、日米両海軍が迎撃可能なのは二四発（東シナ海方面八発、日本海方面一六発）の弾道ミサイル弾頭ということになる。

ただし、第二砲兵が一度に二〇基、三〇基、そして五〇基といった多数の弾道ミサイルを斉射《せいしゃ》した場合、イージス戦闘システムの判断によって、一つの迎撃目標に対して二基ではなく、一基のSM－3迎撃ミサイルが割り当てられる可能性が高い。それでは、SM－3迎撃ミサイルを射耗させることが主目的の弾道ミサイル発射にとって効率が低いことになる。

したがって、まずX時から五分後の第一波連射では、五基のDF－15を沖縄方面に、一〇基のDF－21Cを北海道から北九州の各地に向けて発射する。

これに対して、沖縄方面を警戒する日米イージスBMD艦は、一〇基のSM－3迎撃ミサイルを発射し防衛しようとする。こうして攻撃用弾頭のうち五発中四～五発が撃墜される恐れはあるが、日米イージスBMD艦のSM－3迎撃ミサイルの残弾も六基になる。

同様に、日本海方面を防御する日米イージスBMD艦からは、二〇基のSM－3迎撃ミサイルが発射される。攻撃用弾頭一〇発中八～一〇発が撃墜される恐れがあるが、日米イージスBMD艦のSM－3迎撃ミサイル残弾も一二基となってしまう。

このように、第二砲兵の第一波弾道ミサイル連射では、全弾が撃墜されてしまう可能性がないわけではない。しかし、日米イージスBMD艦のSM－3迎撃ミサイル三〇基を発射させることが期待でき、SM－3迎撃ミサイルの残弾は一八基ということになる。

弾道ミサイル等迎撃命令は出るか

日米イージスBMD艦からSM－3迎撃ミサイルが発射されるのとほぼ同時刻、X時の一〇分後の第二波連射でも、五基のDF－15を沖縄方面に、一〇基のDF－21Cを北海道から北九州の各地に向けて発射する。

これに対して、沖縄方面を警戒する日米イージスBMD艦は、残り六基のSM－3迎撃ミサイル全弾を発射し、本州方面を防御する日米イージスBMD艦からも残り一二基のSM－3迎撃ミサイルが発射される。

すると第二波連射では、攻撃用弾頭一五発中、少なくとも三〜六発は迎撃網を突破することが期待できる。また、この時点で、東シナ海と日本海で弾道ミサイル防衛に従事していた日米合わせて六隻のイージスBMD艦に装塡《そうてん》してあった四八基のSM－3迎撃ミサイルは、すべて撃ち尽くされることになる。

このような想定は、日米イージスBMD艦のイージス戦闘システムがリンクしており、日米両艦の射撃制御が統合されていた場合である。もし、日米がバラバラに対処した場合、両方のイージスBMD艦からそれぞれ装填されているSM－3迎撃ミサイル全弾を発射するかもしれない。

もう一つ、日本にとって最悪の想定が考えられる。すなわち、弾道ミサイル攻撃を受けても、日本政府の「弾道ミサイル等迎撃命令」が発せられない限り、日本のイージスBMD艦はSM－3迎撃ミサイルを発射しないかもしれない。

この場合は、日本のイージスBMD艦のSM－3迎撃ミサイルは温存される。しかし、防衛省・自衛隊に対する日本国民の信頼は消滅する。

日米イージスBMD艦のSM－3迎撃ミサイルが枯渇《こかつ》したあとは、イージスBMD艦による防御線は消滅するため、PAC－3での防御圏以外であれば一発も迎撃される恐れはなく、すべての弾道ミサイル弾頭が着弾することが期待できる。

原発攻撃のあとの降伏勧告

さて日本には、二〇一五年現在、営業中の原子力発電所が一七ヵ所と建設中の原子力発電所が一ヵ所、あわせて一八ヵ所の原子力発電所がある。それらの原子力発電所には四八基の原子炉があり、建設中の原子炉が四基ある。それらに加え、解体中の原子炉が四ヵ所の原子力発電所に一〇基存在する。

しかし、原子力発電所に対する軍事攻撃は小規模なテロ攻撃しか想定されておらず、原子力関連施設警戒隊と呼ばれる警察力による防衛態勢が準備されているだけ。それも、常設の原子力関連施設警戒隊は福井県警察にしか存在しない。

もっとも、原子力発電所の建造物のなかでも原子炉自体は、厚さ二メートル程度のコンクリートですっぽりと覆われており、極めて強固な構造をしている。そのため、五〇〇ポンド爆弾程度の小型爆弾が一～二発直撃しても、破壊は不可能と考えられていた。

実際に原子炉が爆撃された代表例は、イラクの原子力開発施設をイスラエル空軍が空襲した「バビロン作戦」である。

一九八一年六月七日、六機のイスラエル空軍F－15戦闘機の護衛をともなった八機のイスラエル空軍F－16戦闘機は、それぞれ二発の二〇〇〇ポンド爆弾を搭載してイスラエルを発進した。

サウジアラビア上空を横切り（領空侵犯）、イラク上空に達したイスラエル空軍機は、バグダッドの南方タムーズの核施設上空に殺到し、原子炉めがけて一六発の二〇〇〇ポンド爆弾全弾を発射した。

すると一四発が原子炉を直撃、原子炉は完全に破壊され、廃墟となった。ただし、このケースでは、二〇〇〇ポンド爆弾何発で原子炉が木《こ》っ端《ぱ》微《み》塵《じん》になったのかはわからない。

しかしながら福島第一原発事故によって、何も原子炉を破壊せずとも、使用済み核燃料貯蔵プールや電源供給装置を破壊してしまえば、原発に対する軍事攻撃は十二分に成果をあげたことになることが判明してしまった。

とりわけ、原子炉建屋《たてや》に位置しているとはいっても、原子炉のように強固な構造になっていない使用済み核燃料貯蔵プールは、原子力発電所にとって最大の軍事的弱点であることは、いまや国際的な軍事常識となってしまった。

ＤＦ－21の四〇〇〇ポンド高性能爆薬弾頭ならばもちろんのこと、ＤＨ－10やＣＪ－10の一〇〇〇ポンド高性能爆薬弾頭でも、直撃すれば使用済み核燃料貯蔵プールはほぼ間違いなく木っ端微塵に破壊されるし、それらの弾頭が使用済み核燃料貯蔵プール周辺に着弾しても大きく破損する。

使用済み核燃料貯蔵プールが破損すると、セシウム１３７をはじめとする強度の放射性物質が放出される。結果的には、超大型の放射性物質飛散装置（「ダーティ・ボム」と呼ばれる）を用いた放射性物質攻撃を実施したのと同じ戦果が得られることになる。

中国人民解放軍の各種長射程ミサイルを用いれば、日本各地に点在する建設中も含めた一八ヵ所の原子力発電所を攻撃して、「日本自身が用意している」超大型放射性物質飛散装置を起動させることが可能である。

しかしながら、このような対日原発徹底攻撃を実施した場合、日本の多くの地域に放射性物質が拡散し、日本には人が住める地域が少なくなってしまう可能性すらある。対日短期激烈戦争の目的は、かつてローマがカルタゴを滅亡させたように、日本民族を滅ぼし、日本の土地を砂漠と化すのが目的ではない。あくまでも日本政府を屈服させ、中国の要求を日本政府に受け入れさせれば目的は達するのである。

したがって、第一次攻撃に際しては、原子力発電所に対する攻撃は実施しない。ただし、実際に第一次攻撃によって自衛隊施設が巡航ミサイルや弾道ミサイルによって破壊されたのを目《ま》の当たりにした日本政府は、原発に対する攻撃が絵空事《えそらごと》ではない状況に直面していることを悟るはずだ。

そこで、攻撃開始より三〇分後、中国政府は日本政府に中国側の要求を受け入れて原発攻撃実施を避けるべきであるという降伏勧告を突きつける。返答のタイムリミットは三〇分であり、三〇分後には弾道ミサイル攻撃を開始するという警告付きである。

このような勧告を突きつけられた日本政府は、極めて高い確率で、東シナ海の尖閣《せんかく》諸島の実効支配を諦める選択をなすものと考えられる……。

第五章　受動的ミサイル防衛の罠

実戦シミュレーション⑤中国弾道ミサイルvs.自衛隊ＴＨＡＡＤシステム

二〇一Ｘ年、中国弾道ミサイルの脅威を深刻に受け止め始めた日本政府と日本国民には、国防費を大増額して中国の脅威から国土を防衛しようとのコンセンサスが芽生《めば》えた。しかしながら、「専守防衛」という誤った概念から脱却するには至らず、大幅に増やす国防費は「防衛用装備」に投資しなければならない、との主張に固執していた。

このような傾向を見逃さなかったのが、自国の国防予算大削減で超高額の弾道ミサイル防衛（ＢＭＤ）関連装備の売れ行きが低迷していたアメリカＢＭＤ関連業界である。とりわけイージスＢＭＤシステムやＴＨＡＡＤ（戦域高高度防衛ミサイル）システムはあまりに高額なため、アメリカ軍自体の調達が思うように進まなかった。

ＴＨＡＡＤシステムの売り込み先としてはサウジアラビアが有望ではあるものの、そのサウジアラビアも海軍ベースのイージスＢＭＤシステムとは無縁であるため、ＢＭＤ関連業界には、まさに存亡の危機に直面するのではないかとの悲観論が渦巻いていた。

そこに降って湧いたのが、サウジアラビアと違って質量ともに充実したBMDシステムの売り込みが期待できる日本という市場。早速、BMD関連業界は、ペンタゴンの国防安全保障協力局（DSCA）を中心とするアメリカ政府と手を携えて、日本への弾道ミサイル防衛システム関連装備の売り込みを強化した。

「専守防衛」に拘泥《こうでい》する日本では、「夢の防衛装備」であるBMDシステムは好意的に受け止められた。

「少しでも多くのイージスBMD艦にできるだけ多数のSM－3迎撃ミサイルを搭載すれば、そう簡単に弾道ミサイルが日本海や東シナ海を越えて日本に接近してくることはない。それでも、万一ということがあるので、日本列島の少なくとも八ヵ所にTHAAD防衛システムを配置すれば、もはや完璧といえよう。そしてダメ押しとして、PAC－3迎撃システムを大量配備すれば、敵は弾道ミサイル攻撃をあきらめざるを得ない。

このようにすれば、日本は弾道ミサイル攻撃を受けたときにだけ防衛システムを発動すればよいのだから、まさに『専守防衛』であり、憲法第九条の精神そのものではないか」

──こうしたアメリカ側の執拗《しつよう》なセールストークが功を奏し、日本は「金に糸目をつけず」BMDシステムの調達に血道《ちみち》を上げた。

しかし、既存の組織をBMD部隊化することにより通常防衛戦力が弱体化、自衛隊がB

MD隊となってしまうことに危機感を募らせた自衛隊指導者たちは、過剰なBMDシステムへの投資に疑義を呈した。が、「BMDシステムの充実こそ『専守防衛』」との錦《にしき》の御旗《みはた》を振りかざすとともに、アメリカ防衛産業の「実弾攻撃」を受けた政治家や政府首脳には、自衛隊幹部の正論は届かなかった。

また、「中国の軍事的脅威は弾道ミサイルだけではない。巡航ミサイルのほうがより警戒を要する」という声も上がっていたが、現在のところ巡航ミサイルへの対抗策は、BMDシステムのような「専守防衛」的待ち受け兵器ではなく、「積極的に攻撃力を構築しての報復力による抑止」しか有効ではないため、「専守防衛」に凝り固まった日本では排撃されてしまった。

その結果、各艦に四〇基ものSM－3迎撃ミサイルを搭載したイージスBMD艦を一〇隻も保有し、日本各地の一〇地点にそれぞれ四〇基のインターセプターを装塡《そうてん》したTHAADシステムを展開させた自衛隊は、世界最強のBMD隊へと変貌した。

このほか、PAC－3も大量調達が開始されたが、いまだにPAC－3システムの増産が間に合わず、三〇セットが航空自衛隊や米軍基地周辺と東京・大阪周辺に配備されているだけで、原子力発電所や石油化学コンビナート等への配備は増産待ちの状態であった。

とはいっても、イージスBMDシステムとTHAADシステムの大量配備により、日本に対する弾道ミサイル攻撃は「高価な武器をドブに捨てるだけだ」と、日本政府首脳たちは信じきっていた……。

二〇一X年九月

隣国日本でBMD偏重のいびつな軍隊が整備されている状況を見てほくそ笑んでいたのは中国人民解放軍であった。

「またぞろアメリカの口車に乗せられて貴重な金と防衛資源を自ら進んでドブに捨てているようでは、日本の命脈もここに尽きたようなものだ。いくらBMDシステムを大量配備しても、絶対に一〇〇％完璧にはなり得ない。また、BMDシステムに力を入れ過ぎたため、巡航ミサイル対策がおざなりになってしまっている。

これでは我が『短期激烈戦争』に対しては屁の突っ張りにもならない。要するに、日本はアメリカの商売のいい鴨《かも》にされたようなものだ」

中国共産党最高指導部は、一気に東シナ海での覇権を手中にするべく、かねてより綿密な計画が練られていた対日戦「短期激烈戦争」の発動を決めた。

二〇一X年九月一八日

０４００時（午前四時）

対日宣戦布告予定時刻である午前六時の直後から、日本各地に着弾が開始するようプログラミングされた長距離巡航ミサイルの発射が下命された。発射総数は六五〇基。発射地点と目標地点により飛翔時間は一時間から二時間と開きがあり、黒竜江省《こくりゅうこう》から浙江省《せっこう》にかけての地上発射装置、中国東北地方上空の航空機、東シナ海海上の駆逐艦、それに西太平洋を潜航する攻撃型原潜から日本各地の原発、石油関連施設、火力発電所、変電所、浄水場、自衛隊基地などに向かって各種巡航ミサイルが発射され、プログラミングに従い、突き進んでいった。

０５５９時

中国共産党政府は、各種チャンネルを通じ、日本政府に対して宣戦布告した。

０６００時

中国東北地方の北朝鮮国境地帯ならびに江蘇《こうそ》省東シナ海沿岸地帯に展開していた人民解放軍第二砲兵弾道ミサイル部隊の一五〇輌の地上発射装置から、第一波弾道ミサイル攻撃として、一五〇基のＤＦ－21弾道ミサイルが発射された。攻撃目標は北海道から九州にかけての原子力発電所、石油備蓄基地、石油化学コンビナート、それに航空自衛隊と海上自衛隊の航空基地など、あわせて八〇ヵ所である。

0600〜0601時

中国全域を二四時間切れ目なく徹底監視している航空自衛隊早期警戒衛星群は、第二砲兵の地上発射装置が弾道ミサイルを発射する状況を的確に探知した。発射データは、日本海上と東シナ海上で警戒中の八隻のイージスBMD艦、北海道から沖縄に至る全国一〇ヵ所に配備され二四時間警戒態勢を維持し続けているTHAAD部隊とも、瞬時に共有された。

0602〜0603時

八隻のイージスBMD艦の高性能レーダーが、それぞれ中国弾道ミサイルの捕捉を開始した。ただちにイージス戦闘システムが攻撃目標の選定を開始、迎撃プログラムを生成していく。それぞれのイージスBMD艦には六〇基ものSM-3迎撃ミサイルが搭載されているため、一五〇発の中国弾道ミサイル弾頭に対して、それぞれ二基ずつのSM-3迎撃ミサイルが割り当てられた。

0603〜0604時

日本海上と東シナ海上の海上自衛隊BMD艦八隻から、合わせて三〇〇基のSM-3迎撃ミサイルが連射された。

時を同じくして、日本本土一〇ヵ所のTHAAD部隊では、イージスBMDが撃ち漏らした事態を想定して、一五〇発の弾頭に向かって、それぞれ二基ずつのTHAADインターセプターを発射するプログラムが生成された。

0605〜0606時

全国一〇ヵ所のTHAAD部隊の発射装置からは、あわせて三〇〇基の迎撃用インターセプターが、轟音《ごうおん》とともに、弾頭が突入する予定弾道に向かって連射された。

0606〜0607時

迎撃実験での迎撃成功率八五%以上の実績通り、日本に向かって飛翔中の中国弾道ミサイル弾頭一五〇発のうち一三〇発をSM-3迎撃ミサイルが直撃し、撃墜に成功。ただし、二〇発の弾頭はイージスBMD網をくぐり抜け、目標地点に向かって落下を開始した。

０６０８時

イージスＢＭＤにより一三〇発の弾頭が撃破されたため、発射された三〇〇基のＴＨＡＡＤインターセプターのうち二六〇基は攻撃目標を失ってしまったが、超高速で落下を開始した二〇発の弾頭に対し、四〇基のインターセプターが超高速で接近していった。

撃墜成功率は九〇％以上とのセールストーク通り、一九発の弾頭はインターセプターによって木っ端微塵《こっぱみじん》となり、海の藻屑《もくず》と消えた。

中国人民解放軍第二砲兵は、一五〇基もの弾道ミサイルを発射したが、一四九発の弾頭を、世界最強ＢＭＤシステムを運用する自衛隊によって撃破されてしまった。

自衛隊が投入したＢＭＤ艦八隻のコストは一兆二〇〇〇億円以上、ＴＨＡＡＤ一〇システムのコストは五兆円前後、ＳＭ－３迎撃ミサイル三〇〇基が七五〇〇億円、ＴＨＡＡＤインターセプター三〇〇基はおよそ四五〇〇億円、あわせて約七兆四〇〇〇億円――これらで一四九基の中国弾道ミサイルを葬り去ったのである。

ただし、一発の弾頭は七兆四〇〇〇億円の世界最強弾道ミサイル防衛網を突破し、攻撃目標に向かって落下を続けている……。

0610時

関西電力大飯《おおい》発電所（福井県大飯郡おおい町）の原子炉管制棟を、中国人民解放軍第二砲兵対日攻撃部隊が発射したDF－21弾道ミサイル弾頭が直撃、原子炉冷却制御システムが破壊され、制御不能に陥った。メルトダウンは時間の問題となった。

中国共産党政府が対日宣戦通告を発し、第二砲兵弾道ミサイル部隊が対日攻撃を開始する二時間前から四五分前にかけて、第二砲兵長距離巡航ミサイル部隊や中国海軍駆逐艦、それに攻撃型原潜から、日本各地の攻撃目標に向けて六〇〇基以上の長距離巡航ミサイルが発射されていた。が、ＢＭＤ一辺倒の日本側にはまったく探知されなかった。

宣戦通告後一〇分から二〇分に着弾するようにプログラミングされた多数の「暗殺者の矛《ほこ》」は、日本側センサー網をかいくぐり、静かに目標に接近を続けていたのだ。

0610時以降

大飯原発の管制施設や電源設備には、弾道ミサイル弾頭に引き続き、長距離巡航ミサイル五発が殺到した。そして、日本各地の原発、石油化学コンビナート、石油備蓄基地、火力発電所、変電所、浄水場に、それぞれ五発から一〇発の長距離巡航ミサイルが次々と着弾し始めた。

さらに先程、弾道ミサイルの迎撃に成功し戦果に沸いていた全国一〇ヵ所のTHAAD部隊にも、それぞれ五発の長距離巡航ミサイルが着弾、システムは破壊され、死者まで出てしまった。

一五〇基の弾道ミサイルのほぼすべてを撃破したとの報告を受け、天文学的数字の防衛予算をBMDシステムにつぎ込み「成功を収めた」ことに喜んでいたのも束の間、日本政府首脳は数百発の巡航ミサイルによって日本が破滅の淵に立たされている事実を突きつけられた。そして、「強力な報復攻撃戦力を構築して中国のミサイル攻撃を抑止せよ」との声に耳を貸さなかったことを、いまさらながら悔い始めていた。

＊＊＊＊＊

中朝からのミサイルを防ぐ方策

日本はどのようにすれば、中国あるいは北朝鮮の各種長射程ミサイル攻撃による被害を最小にすることができるのであろうか？

第一に考えられるのは、現有する弾道ミサイル防衛システムの運用、ならびに巡航ミサイルを発見し撃破するための各種センサー（地上、航空機搭載、艦艇搭載）、戦闘機、戦闘艦艇の運用を変更することにより、できるだけ監視態勢に隙間をなくす方策である。

第二の方策は、イージスBMDやPAC－3といった現有弾道ミサイル防衛システムや、早期警戒管制機、早期警戒機、それに戦闘機といった巡航ミサイル防衛システムに投入可能な現有装備の配備数を増強する努力である。

第三は、新たな弾道ミサイル防衛システムの追加、ならびに巡航ミサイル防衛システムの開発と導入である。

いずれにせよ、これらの方策は、現在の日本国防当局のミサイル防衛戦略である「敵が発射したミサイルを撃ち落とす」という受動的ミサイル防衛の枠《わく》に収まっていることになる。

現有防衛資源の運用強化には、まず「自衛隊法第八二条の三」の修正が必要だろう。現行の弾道ミサイル防衛システムの運用を変更する最初の手段は、イージスBMDやPAC－3を運用する自衛隊部隊が、それらの持てる迎撃能力を十二分に発揮できるようにするための、法的縛りの除去である。

イージスBMDやPAC－3による弾道ミサイル迎撃は、なにも弾道ミサイルなどの発射が予告された場合に実施されるわけではない。実戦での対日弾道ミサイル攻撃は今まで見てきたシナリオに描かれたような奇襲が原則である。

したがって、「自衛隊法第八二条の三」に基づく「弾道ミサイル等に対する破壊措置命令」が発せられてからでないとSM－3迎撃ミサイルならびにPAC－3迎撃ミサイルを発射できないのでは、宝の持ち腐れとなってしまう。

もっとも、ミサイル迎撃だけでなく、すべての自衛隊の行動は、あらかじめ法令で規定された行動のみが許可される（それも許可命令が発せられてから）という形式をとっている。このような形式を「ポジティブルール」というが、この原則が日本の防衛法制に存在する限り、自衛隊は効果的な防衛作戦を実施できない。つまり、国民の莫大《ばくだい》な税金と自衛隊員の努力が無駄になってしまう。

このような国際的に非常識な防衛法制の原則は、ただちに国際常識である「ネガティブルール」、すなわち行ってはいけない行為のみを規定する防衛法制に転換されなければならない。

自衛隊が「やってはならないこと」をあらかじめ法令で定めておき、それ以外の行動はなんの躊躇（法的には）もなく実施できるようにしておかなければ、スピードも主たる武器である軍事作戦を遂行することは不可能だ。

とりあえず、数多くの国防関連法令をネガティブルール化する第一歩として、現在日本が脅威に直面している長射程ミサイルに対する迎撃の規定である「自衛隊法第八二条の三」をネガティブルール化する必要がある。

イージスＢＭＤ艦の展開強化で

現行の弾道ミサイル防衛システムの運用を変更する手段の二つ目は、海上自衛隊が保有しているイージスＢＭＤ艦の警戒配備ローテーションをやりくりすることにより、弾道ミサイル撃破数を増加させる方策である。

現在、海上自衛隊が運用しているイージスＢＭＤ艦は四隻（二〇二〇年ごろには八隻）である。北朝鮮から日本に飛来する弾道ミサイルだけに備えるならば、海自イージスＢＭＤ艦二隻をそれぞれ秋田沖と隠岐《おき》沖の日本海上に配置するのが望ましい。一方、中国からの弾道ミサイル攻撃を警戒するには、上記のように日本海に二隻と東シナ海上に一隻を展開させざるをえない。

つまり、中国と北朝鮮の弾道ミサイルへの警戒を余儀なくされている日本は、常時三隻のイージスＢＭＤ艦を警戒配備につけておく必要があるのだ。

このような警戒態勢を恒常的に継続しなければならないとすると、警戒に当たる三隻、交代に向かう一隻、交代前の出動準備をなす一隻、それに警戒から戻り点検整備を実施する一隻と、最低でも六隻は必要となる。

当然、軍艦にはある程度長期の日数を要する軍艦自体や各種装備の整備の必要性もあるため、そのような予備艦艇を最低二隻と考えると、現在建造が予定されている二隻のイージスBMD艦の完成を急がなければならないことになる。

ただし、イージスBMD艦で弾道ミサイル攻撃に対する厳戒態勢を維持するには、少なくとも二隻の水上戦闘艦に加えて潜水艦や対潜哨戒機による厳重な護衛態勢が必要となる。したがって、交代に出動する艦艇も含めて常時四セットのBMD警戒部隊が弾道ミサイル警戒に張り付けとならざるを得なくなってしまう。

その結果、海上自衛隊の戦力は大きく削《そ》がれることになり、ミサイル防衛以外の海軍としての本来の任務を実施するには、海上自衛隊そのものを大幅に増強しなければならないことになる。

PAC－3の原発エリアへの配備

現行の弾道ミサイル防衛システムの運用を変更する手段の三番目は、航空自衛隊のPAC－3の配置場所を工夫して、弾道ミサイル攻撃による被害を減少させる方法である。

すでに述べたように、PAC－3で防御できるのは、展開した地点を中心として半径二〇キロ圏だけである。したがって現状では、最大でも一八ヵ所の二〇キロ圏だけがPAC－3の恩恵を期待できるのみである。そして、PAC－3を運用している部隊は航空自衛隊の高射隊であり、PAC－3は通常、航空自衛隊の基地に配備されている。

そもそも弾道ミサイル迎撃用のPAC－3は、航空機迎撃用のPAC－2をベースとしてシステム改修を施して配備が開始された。したがって、対空ミサイル部隊である航空自衛隊高射隊が、自動的に弾道ミサイル防衛部隊に変身させられたのであり、日本への弾道ミサイルの攻撃目標が航空自衛隊や米軍航空基地であるからPAC－3が航空自衛隊基地に配備されているわけではない。

PAC－3を装備する高射隊の配置は、PAC－3で優先的に防衛しなければならないエリア（二〇キロ圏）とは、本来、無関係なのである（ただし、結果的に、展開が望ましい場所に配備されている場合もある）。

原発は「受動的放射能兵器」

それでは、優先的に防衛すべきエリアとはどこなのか？

かつては、首都東京が筆頭に挙げられるのは当然と考えられたであろう。しかし、非核弾頭搭載の弾道ミサイルや長距離巡航ミサイルによる攻撃の場合、首相官邸や防衛省といったシンボリックな攻撃目標は別として、東京に多数のミサイルを撃ち込んで多くの建物を破壊し、人々を殺戮《さつりく》しても、さしたる戦略的価値はない。というよりは、国際社会の強烈な非難を招くだけである。

したがって、どうせ国際社会の非難を招くならば、より戦略的に効果的な損害が発生する場所を攻撃しなければ「採算」が合わない。

とすると現在、なんといっても弾道ミサイル攻撃の格好の標的は、原子力関連施設といえよう。福島第一原発の事故以来、原子炉自体は極めて強固に建設されていても、電源供給システムや使用済み核燃料貯蔵プールなどは軍事攻撃に対して極めて脆弱《ぜいじゃく》であることが、誰の目にも明らかになってしまった。

軍事攻撃によって電源供給システムや制御システムが破壊されてしまうことは、津波や地震によってそれらのシステムが破壊されたことと結果は変わらない。したがって、福島第一原発事故により引き起こされた各種被害が再現されることになる。

また、使用済み核燃料貯蔵プールが破壊された場合には、使用済み核燃料棒の破片が大気中に飛び散る可能性もあるため、福島第一原発事故の惨事どころではなくなり、周辺地域は人も機械も近づけない死のエリアと化してしまう可能性がある。

福島第一原発事故によって、原子力発電所は「受動的放射能兵器」と認識すべきことが、国際常識となってしまった。そこで多くの国々では、原子力発電所を特殊部隊やテロリストの攻撃から防衛するための防衛部隊の配置や、空襲やミサイル攻撃への対抗策などを構築し始めている。

日本には営業中の原子力発電所が一七ヵ所（原子炉四八基、建設中原子炉三基）と建設中が一ヵ所（原子炉一基）、それに解体中の原子炉が四ヵ所で一〇基ある。要するに、「受動的放射能兵器」である原発二二ヵ所と、その原子炉六二基を保有しているわけである。

ところが、それらに対する警戒態勢はほとんどないに等しい。原子力関連施設が存在する道府県警察警備部に設置された原子力関連施設警戒隊が担当しているのみである。それらのなかで専従部隊として編成されているのは、解体中を含めて六ヵ所の原子力発電所（原子炉合計一五基）を担当する福井県警察原子力関連施設警戒隊だけである。

このような状況では、日本の原子力発電所はまさに「攻撃を歓迎します」といわんばかりの無防備な「受動的放射能兵器」だ。福島第一原発事故で放射能汚染の惨状を経験している日本国民が、なぜ原子力発電所に対する徹底した防衛態勢強化を要求しないのか、不思議としかいいようがない。

日本にミサイルを撃ち込む側にとっては、原発をはじめとする非軍事的施設を破壊する目的は、日本全土を放射性物質で汚染させてしまうためではなく、日本社会を混乱に陥れて厭《えん》戦《せん》ムードを盛り上げ、日本政府を早期に屈服させることにある。したがって、何も多数の原発を攻撃する必要性はない。多くても二〜三ヵ所を攻撃し、一〜二ヵ所で何らかの被害が生ずれば、十分以上の成果をあげたことになるのだ。

ただし、どの原発が攻撃されるかがわからない以上、防衛側はすべての原発にPAC－3を配置しなければならないことになる。建設中や解体中の原発を含めてすべての原発をPAC－3防衛圏内に収めるには、最小でも一五セットが必要となる。訓練用システムや整備点検時の予備用システムを考えると、現在自衛隊が保有している一八セットのPAC－3はすべて、原子力関連施設防衛用に割り当てなければいけないことになる。

原発エリアの防衛を担当するPAC－3部隊は二四時間三六五日態勢で警戒待機していなければならない。また、それらのPAC－3部隊自体も、特殊部隊やテロリストの攻撃から身を守る必要がある。このような部隊の性格上、PAC－3部隊はもはや航空自衛隊高射隊の派出部隊ではなく、陸上自衛隊原子力施設防衛部隊へと編成替えする必要が生ずる。

したがって、PAC－3の追加調達に対する予算措置は必要なくとも、航空自衛隊から陸上自衛隊への移管、そして陸上自衛隊内でのPAC－3部隊の創設に対する予算措置が必要となるのだ。

空自警戒機ローテーションの変更

すでに第二章で述べたように、三沢基地と那覇基地にそれぞれ配備されているE－2C早期警戒機部隊と、E－767早期警戒管制機部隊の三個早期警戒部隊が、二四時間三六五日フル稼働しなければ、北朝鮮との国境地帯や東シナ海沿海地域の陸上、日本海や東シナ海の上空や海上、それに西太平洋の海中から発射されて日本に向かって飛翔する中国人民解放軍の長距離巡航ミサイルを探知することはできない。

しかしながら、航空自衛隊が現在保有しているE－767とE－2Cの数から判断すると、第二章で述べた現状でできる警戒ローテーションで目いっぱいの状態である。ただし、実際にこの目いっぱいのローテーションを三六五日継続するならば、おそらく搭乗員や整備員を過労状態に追い込むことは必至と考えねばならない。

したがって、現状の警戒機保有数あるいは搭乗員数や整備員数のままでは、警戒機のローテーションを変更して二四時間三六五日厳戒態勢を取ることは、至難の業といえる。そこで、現有装備の追加調達が必要になる。まず、SM－3迎撃ミサイルの配備数増強だ。

上述したように、イージスBMD艦の配備数をローテーションによって飛躍的に増加させることはできないが、イージスBMDシステムで発射するSM－3迎撃ミサイルの数量を飛躍的に増加させることは可能だ。ただし、あくまでも純理論的にであるが。

海上自衛隊ならびにアメリカ海軍のイージスBMD艦のミサイル発射装置（Mk－41垂直発射装置）には、弾道ミサイル用のSM－3迎撃ミサイル（八基）の他にも、敵航空機や対艦ミサイル迎撃用のミサイル（ＳＭ－２、シースパロー）、敵艦攻撃用ミサイル（ハープーン）、敵潜水艦攻撃用ミサイル（アスロック）など多数のミサイルが装填《そうてん》されている。

海上自衛隊が現在運用している四隻の「こんごう」型イージスＢＭＤ艦の場合、物理的には一隻最大九〇基のＳＭ－３迎撃ミサイルが装填可能である。また、近々ＢＭＤ機能を付加される「あたご」型（二隻）の場合、物理的には最大九六基のＳＭ－３迎撃ミサイルが装填可能である。

すなわち、海上自衛隊のイージスＢＭＤ艦全艦には、物理的（そして純理論的）には最大で五五二基ものＳＭ－３迎撃ミサイルが搭載可能ということになる。

もちろん、それぞれのイージスＢＭＤ艦のＭｋ－41垂直発射装置にＳＭ－３迎撃ミサイルだけを装填するというわけにはいかないが、ＳＭ－３迎撃ミサイルを八基ではなく、より多数装填することによって、中国や北朝鮮が発射する弾道ミサイル全弾に対してＳＭ－３迎撃ミサイルを発射することは不可能ではない。

ＳＭ－３ミサイルが三三五基あれば

ただし、中国や北朝鮮による一〇〇基の弾道ミサイル連射攻撃に対して一〇〇基のＳＭ－３迎撃ミサイルで応戦した場合、迎撃成功率が現状の八二・四％であるならば、一八発の弾頭が日本を直撃してしまうことになる。

迎撃成功率が現状のままの場合、迎撃確率を上昇させるには、一基の弾道ミサイルそれぞれに二基のＳＭ－３迎撃ミサイルを発射する方法が考えられる。つまり二〇〇基の迎撃ミサイルを発射することになるのである。

この場合、イージスＢＭＤ艦一隻のＳＭ－３迎撃ミサイル最大搭載数は九〇基あるいは九六基であるため、最小でも六七基ずつのＳＭ－３迎撃ミサイルを装塡した三隻のイージスＢＭＤ艦で待ち受ける必要がある。

迎撃実験や演習と違い、いつ中国や北朝鮮が攻撃を仕掛けてくるかわからない実戦状況では、それら三隻のイージスＢＭＤ艦は常時、中国や北朝鮮の弾道ミサイル攻撃に対する厳戒態勢を維持しなければならない。

いかなる軍艦といえども二四時間三六五日ぶっ通しでの警戒態勢は取れないため、適宜なタイミング（食料や燃料補給、乗艦する将兵の休息など）で交代しなければならない。しかし、三隻による厳戒態勢は瞬時といえども崩せないため、交代艦も少なくとも二隻は用意して、それぞれ最小六七基のＳＭ－３迎撃ミサイルを装塡し、厳戒態勢をとった状態で交代する必要が生ずる。

このように、常に二〇〇基のＳＭ－３迎撃ミサイルを装塡して待ち構えるには、臨戦態勢で展開する三隻の警戒艦と二隻の交代艦、合計五隻のイージスＢＭＤ艦に、それぞれ最小で六七基のＳＭ－３迎撃ミサイルが装填されていなければならないことになる。

つまり、海上自衛隊が少なくとも三三五基のＳＭ－３迎撃ミサイルを保有していなければ、二〇〇基迎撃態勢は維持できない。二〇一四年現在、海上自衛隊のイージスＢＭＤ艦には合わせて三二基のＳＭ－３迎撃ミサイルが配備されている。最新ＳＭ－３迎撃ミサイルの単体価格は二五億円前後とされているため、あと三〇三基のＳＭ－３迎撃ミサイルを手に入れるには、およそ七五七五億円が必要である。

あくまでも「ＳＭ－３迎撃ミサイルでの迎撃率は八二・四％である」という、これまでのイージスＢＭＤ迎撃実験結果を信頼することを大前提にするならば、七五七五億円を投入してＳＭ－３迎撃ミサイルを大量に取り揃えれば、中国や北朝鮮が発射する一〇〇基の弾道ミサイルの大半を撃破できる期待が得られる。ただし、あくまでも期待に過ぎず保証はない。

数兆円の予算が必要な戦術

しかしながら、上記のように海上自衛隊のイージスＢＭＤ艦六隻（あるいは八隻）すべてを弾道ミサイル警戒専用艦としてしまうと、海上自衛隊の防衛力全体が決定的な悪影響を受けることになる。

実戦状況でイージスBMD艦が常時、弾道ミサイル警戒態勢を維持するには、それぞれのイージスBMD艦を厳重に護衛するために、少なくとも水上戦闘艦二隻と潜水艦一隻を配置しておかなければならない。この他、対潜哨戒ヘリコプターや哨戒機も多数投入しなければならなくなる。

すると、稼働状態にある海上自衛隊艦艇のうち、イージス艦のすべて、イージス艦以外の水上戦闘艦や潜水艦の三〜四割は、弾道ミサイル警戒のために用いなければならなくなる。そのため、海上自衛隊はあたかも弾道ミサイル防衛軍のような様相を呈してしまい、領海警戒、シーレーン警戒、対潜水艦作戦、対機雷作戦、防空作戦など、海軍としての本来の任務遂行が極めて大きく制約されてしまう。

海上自衛隊が、海軍本来の任務を犠牲にせず弾道ミサイル防衛軍としての役割も果たすためには、弾道ミサイル防衛に駆り出される艦艇や航空機を補充して、本来の任務に穴があかないようにしなければならない。

すなわち、弾道ミサイル防衛に専従する必要のないイージス艦（イージスBMD艦である必要はない）を四隻、イージス艦以外の水上戦闘艦を一二〜一六隻、潜水艦を六〜八隻、それに哨戒機や哨戒ヘリコプターをそれぞれ一二機程度は補塡《ほてん》する必要がある。もちろん、それらの艦艇や航空機の増加に応じて要員数も増加させねばならないし、施設も整備しなければばならない。

要するに、大量のSM－3迎撃ミサイルを購入するための予算が確保できたとしても（またそのように大量のSM－3迎撃ミサイルの製造が可能であったとしても）、海上自衛隊の規模そのものを倍増するくらいの覚悟がなければ、とてもSM－3迎撃ミサイル二〇〇基態勢を構築することはできない。

ということは、七五七五億円のSM－3迎撃ミサイル調達費用だけでなく、艦艇建造費、航空機調達費、艦艇数増大に伴う港湾施設の建造費など、単純に考えても数兆円単位の予算が必要になるのだ。

原発全部にPAC－3を配置すると

上述したように、「受動的放射能兵器」ともいえる原子力発電所にPAC－3部隊を配置すると、それだけで現在自衛隊が保有するPAC－3は枯渇してしまう。しかしながら、放射性物質による汚染こそ生じないものの、ミサイル攻撃を被《こうむ》ると、日本国民の日常生活や経済活動に破滅的な被害をもたらすインフラ施設は、原発以外にも数多く存在する。

そのようなインフラ施設の筆頭は、石油化学コンビナートや製油所である。

日本には九エリアに一三ヵ所（分類によっては一五ヵ所）の石油化学コンビナートがあ

り、二三ヵ所の製油所がある。製油所の多くは石油化学コンビナートに設置されており、製油所のなかには発電設備が併置されている場合もある。まさに、日本のエネルギー供給を混乱に陥れるためには効果的な攻撃目標といえる。

日本では、毎日二三ヵ所の製油所がフル稼働して三九四万六七〇〇バレルの原油を精製し、ガソリン、重油、軽油、LPガス、灯油、ジェット燃料といった燃料をはじめ、ベンゼン、キシレン、パラキシレンをはじめとする化学製品の原材料を生み出している。

製油所が壊滅すると、それらが作るエネルギーや原材料がたちまち枯渇し、交通機関や物流はストップする。また、割合は少なくなってきてはいるものの、重油や軽油を燃料として使用している火力発電所も多いため、それらの発電所の稼働も停止することになる。

その火力発電所（全国に一六三ヵ所）も、日本国民をパニックに陥らせるためには効果的な攻撃目標である。発電所だけでなく、主要な変電所も攻撃される恐れが高い。また全国五五〇〇ヵ所にのぼる浄水場、とりわけ大都市部に供給する大規模浄水場が破壊された場合の国民生活への影響は、極めて深刻である。

これらの施設を防御するエリア（二〇キロ圏）すべてに少なくとも一部隊のＰＡＣ－３高射隊（航空基地防衛ではないので、当然ながら陸上自衛隊の部隊となる）を配置すれば、敵のミサイル攻撃から身を守れる可能性は極めて高くなる。ただそうなると、日本中いたるところにPAC－3高射隊とそれを防衛するための部隊が配備されることになってしまう。

PAC－3システム一セット（高性能レーダー装置、情報処理装置、無線管理装置、アンテナ装置、射撃管制装置、電源装置それぞれ一輌、それにM－901発射装置三輌〈SM－3迎撃ミサイルが最大一二基搭載可能〉）が一〇〇億円程度といわれている。またPAC－3迎撃ミサイルを一部隊あたり一二基ずつ配備すると、一基およそ四億円といわれているため、装備費だけで少なくとも一五〇億円を必要とする。

すると、一〇〇地点にPAC－3部隊を配置するためには、やはり装備費だけで一兆五〇〇〇億円が必要になるわけだ。もし日本国民が「国防費にいくらでも支出する」と覚悟を決めて、かつPAC－3システムやPAC－3迎撃ミサイルの生産速度が要求を満たす速度を維持できるならば、そしてそれだけの弾道ミサイル防衛部隊要員を確保できるならば、一〇〇個部隊以上のPAC－3部隊を、攻撃目標となる可能性のある地点にかたっぱしから配置してしまうことが「純理論的」には可能である。

空自の対空兵器と要員は十分か

イージスBMDシステムやPAC－3システムといった「専用」防衛兵器が存在する弾道ミサイル防衛と違い、巡航ミサイル防衛には、実用化されて実績がある専用兵器は存在しない。ただし、自衛隊が保有している各種防空監視システムや対空兵器を組み合わせれば、巡航ミサイルを発見し迎撃することは理論的には可能である。

しかしながら、本書で見てきたように、大量の巡航ミサイルを発射された場合、さらに陽動のために多数の航空機が接近してきた場合、相当膨大な数の監視システムを投入しないと、机上においてすら巡航ミサイルを捕捉することは困難になってしまう。

たしかに、現有のE-767早期警戒管制機とE-2C早期警戒機、加えてそれらの搭乗員と整備要員をぎりぎりの状態で投入し続けることにより、日本全域の日本海側と東シナ海側の警戒監視を間隙《かんげき》なく（時間的には）実施することが理論上は可能である。

しかしこの場合、搭乗員や整備要員のローテーションが厳しくなるために、彼らが過労状態に陥ることは必至である。もし一週間、二週間と無理のあるローテーションが継続すると、多くの隊員に支障が生じてしまう。人間だけではなく、航空機や監視装置も、つめ込みローテーションで長期間稼働させられると、何らかの故障が発生しやすくなる。

要するに、現在の航空自衛隊警戒機の数量と関係要員数は、まさに最小限度を保っている状態なのである。そこで、航空自衛隊が運用する警戒機を増やし、ローテーションに余裕を生ぜしめる必要がある。もちろん、搭乗員や整備要員の定数も大幅に増やす必要がある。

そもそも、航空自衛隊（海上自衛隊にも当てはまる）は、航空機に割り当てられている要員数が先進諸国の軍隊に比べると少なすぎる状態が続いている。したがって、現状でも搭乗員数の増員は急務であるわけだから、警戒機の機数を増加させる場合、その増加率以上に関係要員を増やさなければならない。

警戒機にかぎらず、あらゆる軍備には、「十分」という状態はありえない。しかし、ただでさえ国防費が枯渇している状態で「十分」は望めないため、少なくとも以下に記す程度に警戒機数を増加させれば、なんとか余裕を持ったローテーションが組める。その結果、巡航ミサイルへの対処能力が上昇し、発見捕捉可能性が若干《じゃっかん》高まることが期待できる。

ただし、それでも現実には実戦において「いつ・どこから・どこに向けて」発射されているのか不明な敵の巡航ミサイルを、かたっぱしから探知するのは、神業に近い。

■E－767早期警戒管制機

現有四機から最少でも六機へ。四機が常時稼働し、そのうち三機は一機ずつローテーションに組み込まれてパトロールに従事。一機は予備機としていつでも出動可能な状態に置く。

■E－2C早期警戒機

現有一三機から最少でも二〇機へ。那覇基地に一〇機と、三沢基地に一〇機を配備。それぞれ七機ずつが常時稼働し、そのうち六機は一機ずつローテーションに組み込まれてパトロールに従事する。一機は予備機として、いつでも出動可能な状態に置く。

THAAD迎撃ミサイルで日本は

すでに何度も述べているように、日本の現行弾道ミサイル防衛体制は、PAC－3が配備されている全国一八のエリアでは、イージスBMDとPAC－3の二段構えとなっており、その他の地域では、イージスBMDだけの一発勝負となっている。

要するに、日本の弾道ミサイル防衛システムは、アメリカの現行ミサイル防衛態勢の五段構え（イージスBMD〈SM－3〉：GMD〈地上配備型中間飛行段階防衛〉：THAAD：イージスBMD〈SM－2〉：PAC－3）の最初と最後だけを採用しているのだ。

中国や北朝鮮から発射された弾道ミサイルがアメリカ（本土）に到達するには、三〇分から三五分かかるといわれている。その三〇分の間に五種類の迎撃手段を繰り出して弾頭を撃破するのが、アメリカの弾道ミサイル防衛システムである。

一方、中国や北朝鮮から日本へは七分から一〇分強で弾道ミサイルが到達してしまう。この時間的条件の違いによって、アメリカの五段構えをすべて日本に移植するわけにはいかないため、現在は最初と最後の二つの手段だけが用いられているのだ。

図表7　日本全域を防衛するためのTHAAD配置

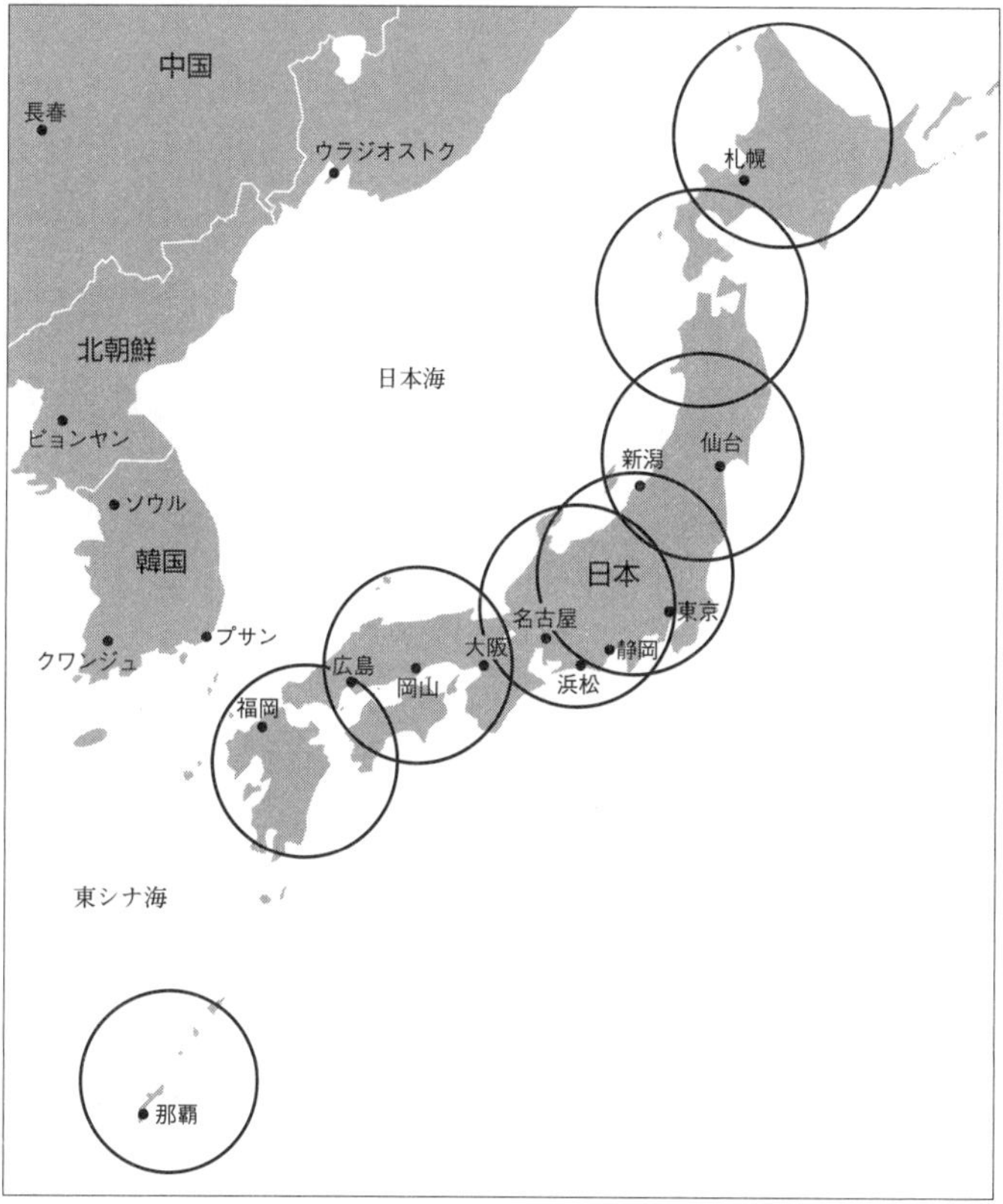

たしかに時間的制約を考えると、アメリカ同様に五段構えにするのは難しいが、五段構えの真ん中のシステムであるTHAAD（戦域高高度防衛ミサイル）システムによって、中国や北朝鮮から日本に向けて発射される弾道ミサイルを迎撃することは可能。

THAADシステムは、イージスBMD艦のSM－3迎撃ミサイルで撃破しそこなった弾頭を、大気圏に再突入する直前から超高速で落下する終末段階の高空で撃破するための迎撃ミサイルである。

射程圏が二〇キロと限定的エリアしか防衛できないPAC－3と違って、THAADの射程圏は二〇〇キロであり、かなり広範囲な地域を防衛することが可能。とりわけ日本のような狭小な国土を守るには、純理論的には、七～八セットのTHAADシステムを配備すれば、国土のほぼ全域がTHAAD迎撃ミサイルの射程圏内に収まる（前頁の図表7参照）。

PAC－3システムよりもさらに「超高額」なTHAADシステムは、THAADインターセプター（迎撃ミサイル）自体も、PAC－3迎撃ミサイルやSM－3迎撃ミサイルよりも高額である。そのため、これまで実施された実射実験の回数はそれほど多くはない。したがって、信頼に足る迎撃率は実際には存在しないとも考えられる。

たしかに、イージスBMDとPAC－3にTHAADシステムを追加することで、弾道ミサイル防衛能力を押し上げることだけは間違いない。が、一セット一〇〇〇億円といわれているTHAADを八セット取得するには八〇〇〇億円必要であり、それだけの投資のコストパフォーマンスを十二分に評価できるデータが存在しないこともまた事実なのだ。

大型気球を使うJLENSとは

本書で幾度か触れたように、二〇一四年の段階で実戦配備されている巡航ミサイル探知専用の監視システムは、日本だけではなく、アメリカにもNATOにもロシアにも中国にも登場していない。

ただし、アメリカ陸軍とレイセオン社が開発したJLENSという監視システムは、主として対地攻撃用巡航ミサイルを発見する専用システムである。JLENSそのものはセンサーであって、攻撃能力は持っていないため、PAC－2やPAC－3などの対空ミサイルシステムやイージス艦に搭載されている対空ミサイルシステムとネットワークで連動させて、迫り来る巡航ミサイルを迎撃する仕組みになっている。

JLENSは、全長七四メートルもの大型気球二つと、それぞれケーブルで繋がった地上管制制御システムから構成されている。一つの気球は敵の巡航ミサイルを発見捕捉するためのセンサーであり、もうひとつの気球は探知したデータをネットワークで繋がっている地上や艦艇の対空ミサイルシステムと連動させる。こうしてミサイル発射を管制させる射撃制御システムとなっている。

これら二つの巨大気球は三〇〇〇メートルの高空に位置し、最大で半径五四〇キロの範囲の、高空から海面や地上までの巡航ミサイル、航空機、艦艇、それに戦闘車輌などを探知することが可能。気球という性格上、長時間滞空することができ、三〇日間は連続して警戒監視を続けることができる。

したがって交代用システムを用意すれば、二四時間三六五日ぶっ通しでの警戒任務が実施できるため、多数の警戒監視機に取って代わることが可能となり、大幅な人員とコストの削減が可能になる（とレイセオン社ならびにアメリカ陸軍は主張している）。

二〇一四年夏までに、二セットのＪＬＥＮＳが完成し、各種実験を実施してきた。そのなかには、ＪＬＥＮＳとＰＡＣ－３を用いた模擬巡航ミサイルの迎撃実験も含まれており、見事に撃墜に成功している。しかし、開発コストを含めて二セットで二八〇〇億円もの予算を投入しているため、追加のシステムの建造や、大規模な迎撃実験などは行われていない。

さらに、オバマ政権による国防予算大削減の影響により、開発予算そのものが大削減の対象になってしまった。その結果、陸軍は二〇一七年までに五セットのＪＬＥＮＳを建造する予定であったが、とりあえず現存する二セットで建造は打ち切りとなった。これらのうちの一セットは、首都ワシントンＤＣ防衛用として用いられ、他の一セットは予備用となることが決定された。

もしＪＬＥＮＳが宣伝文句通りの機能を発揮するのならば、北海道から沖縄まで四セットのＪＬＥＮＳを浮かべることにより、日本海・東シナ海・太平洋の日本沿岸から二〇〇キロ程度の範囲の海面から上空までの広大な範囲を監視することができる。そして少なくとも合計六セットを運用すれば、交代をローテーションで実施することにより、二四時間三六五日連続での警戒監視が可能になるはずだ。

ＪＬＥＮＳが完成し、入手できる見込みが立ったとしても、それだけでは巡航ミサイルを迎撃することはできない。ＪＬＥＮＳと連動して巡航ミサイルを撃墜するための高性能対空ミサイルが必要となる。これには、航空自衛隊が保有しているＰＡＣ－２対空ミサイルやＰＡＣ－３弾道ミサイル迎撃ミサイルのほか、海上自衛隊イージス艦から発射することができるＳＭ－６対空ミサイルなどが用いられることになる。

ただし、海上自衛隊はＳＭ－６対空ミサイルを未だに保有していないため、当面はＳＭ－２対空ミサイルで対処することになる。もちろん、中国人民解放軍の短期激烈戦争のように数百基の巡航ミサイルが連射される場合には、とても自衛隊が現有する対空ミサイル数では対処できず、大幅な対空ミサイル数の増強が必要となる。

仮に日本がレイセオン社のＪＬＥＮＳ開発チームとの共同開発を継続させ、各種実験を繰り返して完成させるために必要な予算は、二〇〇〇億円から三〇〇〇億円以上にのぼるであろう。それに加えて、実験に使用するJLENSシステムを含めて日本が導入する六セットのJLENS建造費を考えると、一兆円は下らない費用がかかると考えられる。

さらに、SM－6対空ミサイル（一基五億円）、SM－2対空ミサイル（一基五〇〇〇万円）、PAC－3迎撃ミサイルなどを多数（一〇〇〇基以上）追加配備しなければならない。

したがって、JLENSによる巡航ミサイル防衛態勢を築き上げるには、装備開発ならびに購入費だけで、二兆円近くの予算が必要となるであろう。

受動的ミサイル防衛の脆弱性

敵が発射した長射程ミサイルを待ち受けて迎撃するという受動的ミサイル防衛策は、そもそもアメリカにおいて、ロシアや中国からの核弾頭搭載弾道ミサイルによる攻撃を撃破するために開発された。要するに、核攻撃という極限の軍事攻撃に対処するために開発されたのが弾道ミサイル防衛システムであった。したがって、コストは度外視され、莫大な予算を投入して開発が進められた。

しかし、やがてアメリカにおいても国防予算の削減が始まり、当初予定されていた弾道ミサイル防衛システムの開発は、半分程度の規模にまで縮小されることとなった。

このような背景を持つ弾道ミサイル防衛システムは、極めて高価な兵器である。しかし核攻撃の場合、大量の核弾頭搭載弾道ミサイルが発射されるということはほとんど生じえないため、超高価なシステムといえども配備可能と考えられていたのである（たとえば、イージスＢＭＤ艦でも、ＳＭ－３迎撃ミサイルを最大九〇基以上も搭載可能な発射装置に、実際に装塡されているＳＭ－３迎撃ミサイルの数は八基であり、これはイージスＢＭＤ艦一隻あたり四基の弾道ミサイルに対処できれば十分である、との考えに基づいている）。

ところが日本の長射程ミサイル防衛事情は、アメリカとは様相を異にしている。

たしかに、核弾頭搭載弾道ミサイルに対処するにはアメリカと同様の論理が適用され、極めて高価な弾道ミサイル防衛システムをそこそこの数量用意しておけば、なんとか目的を達成できる可能性はある。しかしながら日本にとって、核攻撃よりも非核弾頭搭載の弾道ミサイルや巡航ミサイルによる攻撃のほうが、はるかに現実的な問題である。

そして、それら非核弾頭搭載ミサイルによる中国や北朝鮮の対日攻撃には、極めて大量の数のミサイルが投入されるものと思われる。

したがって、そもそも少量を用意しておけばよいというシナリオで開発された超高額の弾道ミサイル防衛システムを、大量のミサイル飽和攻撃に使用しなければならないため、コストが嵩《かさ》みすぎるという問題に直面せざるを得ない。そして、中国や北朝鮮がさらに弾道ミサイル配備数を増やせば、日本の防衛費はますます圧迫されてしまうことになる。

特に、中国による対日巡航ミサイル攻撃は、弾道ミサイル攻撃の比ではない大量の飽和攻撃であると考えられるため、巡航ミサイル防衛システムの整備も、弾道ミサイル防衛システムに勝るとも劣らない莫大な予算が必要となってしまう。

日本は弾道ミサイル防衛システムと巡航ミサイル防衛システムの両者を構築し、維持していかなければならないのである。

それに対して中国は、弾道ミサイルと巡航ミサイルの増産を続けており、とりわけ対日攻撃に投入されるであろう巡航ミサイルの数は一〇〇〇基を上回る勢いで（二〇一四年現在）、二〇二〇年頃には二〇〇〇基に近づきかねない。

そのような中国や北朝鮮の長射程ミサイルの脅威を座して持ち受ける現行システムのみに頼っている場合、やがて日本の国防予算と防衛装備の大半がミサイル防衛システムになってしまいかねない。悪いことには、それでも完璧な防衛を達成することは不可能であろう。

第六章　対中朝「敵基地攻撃」の結末

実戦シミュレーション⑥海自・空自攻撃航空部隊の北朝鮮攻撃

二〇XX年四月一五日
0500〜0600時（北朝鮮各地）

二四時間絶え間なく北朝鮮全域に対する監視活動を実施していた航空自衛隊が運用する超高性能警戒監視衛星群が、かねてより監視を続けていた北朝鮮全域で、およそ一〇〇ヵ所の地上移動式弾道ミサイル発射装置（TEL）格納施設から、弾道ミサイルを搭載したTELと射撃管制用車輛などがそれぞれの格納施設付近のミサイル発射適地と思われる地点へと移動している状況を探知した。

午前六時までには一二五輛のTELが発射適地に停車し、それぞれのTELには日本攻撃用のスカッドD型弾道ミサイルないしはノドン2型弾道ミサイルが搭載されていることも確認された。

０６００～０６０５時（航空自衛隊警戒監視衛星群）

午前六時、一二五輛のＴＥＬの発射筒が直立し始めた状況を航空自衛隊監視衛星群が捕捉した。瞬時に鮮明な情報画像が弾道ミサイル防衛司令部経由で、総理官邸を含む関係当局、ならびに日本海上や東シナ海上で警戒に当たる海上自衛隊航空母艦やイージスＢＭＤ艦に転送された。

０６０５～０６１０時（首相官邸）

首相官邸では、防衛大臣はじめ関係閣僚や防衛省自衛隊幹部が参加する緊急オンラインテレビ会議が開催された。防衛当局の判断は「北朝鮮は明らかに対日弾道ミサイル攻撃の準備を開始している。一時間以内に朝鮮人民軍戦略ロケット軍のＴＥＬを破壊しないと、弾道ミサイルが日本に向かって発射されることになる」というものであった。

首相はじめ政府首脳それに防衛当局は、かねてより「北朝鮮が疑いの余地なく対日弾道ミサイル攻撃を実施しようとした場合には、自衛権を発動してミサイル発射装置を攻撃破壊し、日本に対するミサイル発射を阻止すべし」との決定をなしていた。そこで首相は、ただちに「対日攻撃準備態勢にある北朝鮮ＴＥＬを一つ残らず破壊せよ」との国際法上認められている自衛権に基づく先制攻撃命令を発令したのだ。

0610〜0625時（航空自衛隊航空基地）

アメリカの財政事情の影響により、米軍自身が調達できなくなった代わりに日本が大量に調達したF－22戦闘機は、北朝鮮の不穏な動きを受けて、数日前より航空自衛隊美保基地と小松基地にそれぞれ八〇機が集結しており、対地攻撃準備は完了していた。

北朝鮮領内のTEL攻撃命令を受け取った自衛隊は、遅くとも午前七時までにはできるだけ多数のTELを破壊しなければならないことになった。ただちにF－22は発進を開始したが、攻撃に許されている持ち時間は最長四五分であるため、いくら超音速巡航が可能なF－22といえども、美保基地と小松基地からこの時間内に攻撃可能なのは、日本海沿岸に展開している北朝鮮軍TELや迎撃機ということになる。

0610〜0625時（海上自衛隊空母）

F－35B戦闘機ならびにF－35C戦闘機をそれぞれ八〇機ずつ購入するのと引き換えに海上自衛隊が手にした米海軍退役空母「キティホーク」と「ジョン・F・ケネディ」は、それぞれ七〇機のF－35BとF－35Cを積載して、隠岐島沖、北北西三〇〇キロ付近の日本海上に展開していた。

戦闘行動半径の長い海上自衛隊F－35Cが、後続する海自F－35Bと日本から駆けつける空自F－22攻撃部隊の先鋒として、北朝鮮空軍機やレーダー施設を破壊すべく、真っ先に「キティホーク」と「ジョン・F・ケネディ」の飛行甲板から発進を開始した。それに引き続き、北朝鮮内陸奥部のTEL攻撃を担当する海自F－35B航空部隊も次々に発艦した。

0630～0640時（海上自衛隊F－35）

海自・空自攻撃航空部隊の先陣をきって北朝鮮領空に接近した海自F－35C戦闘機部隊に三〇機の北朝鮮空軍ミグ29が接近してきた。が、すでに警戒監視衛星と早期警戒管制機からの的確なデータを受け取っていたF－35C部隊は、ミグ29に捕捉される前に空対空ミサイルを発射、瞬《またた》く間に三〇機のミグ29は日本海に消えていった。

引き続き七〇機の海自F－35C戦闘機は北朝鮮航空基地ならびにレーダーサイトに接近し、警戒監視衛星からの攻撃データをもとに、迎撃のために飛び立った旧式戦闘機を次々と撃破、レーダー施設や航空施設も破壊した。

0640～0650時（F－35によるTEL攻撃）

Ｆ－35Ｃが北朝鮮航空機やレーダーサイトを攻撃しているはるか上空を通過し、北朝鮮内陸奥部に展開するＴＥＬ上空に接近した七〇機の海自Ｆ－35Ｂ対地攻撃部隊は、警戒監視衛星から送られる詳細な攻撃データに導かれて、それぞれの攻撃目標に精密誘導爆弾を発射した。

ＴＥＬを中心とする弾道ミサイル発射部隊は、それぞれ二～四発の二〇〇〇ポンド爆弾の直撃を受けた。ＴＥＬや射撃管制装置が粉砕され、弾道ミサイルも破壊され、対日攻撃不能状態に陥った。

０６４５～０６５５時（Ｆ－22によるＴＥＬ攻撃）

日本から長駆、北朝鮮上空へ到達した航空自衛隊Ｆ－22対地攻撃部隊一六〇機の大群は、北朝鮮空軍や地上からの妨害を受けることなく、それぞれの攻撃目標である北朝鮮沿岸域と内陸部のＴＥＬへ次々に一〇〇〇ポンド精密誘導爆弾を発射していった。

０６５５時（北朝鮮軍ＴＥＬ全滅）

攻撃状況を監視中の空自警戒監視衛星群と、海自空母から発進し低空偵察を実施している無人偵察機の観察によると、一二五輛のＴＥＬはすべて粉砕あるいは横転大破されており、北朝鮮軍による対日弾道ミサイル攻撃は不可能である模様。

——自衛隊が質量ともに極めて強力な航空打撃力と航空母艦を保持している場合には、日本海を越えて北朝鮮領内を襲撃し、多数の移動式ミサイル発射装置を片っ端から精確に破壊することが可能なのである。とはいっても、攻撃可能時間は極めて短いために、戦闘員や整備員には最高度の練度が要求される。

そして何よりも、政府首脳や防衛当局首脳の迅速な意思決定システムが、攻撃の成否を分ける最大のキーポイントとなる。現在の自衛隊の装備状況、そして日本政府首脳の意思決定システムから判断すると、「敵発射装置攻撃」は実施することはできない。

＊＊＊＊＊

敵基地攻撃でなく敵発射装置攻撃

イージスＢＭＤシステムやＰＡＣ－３システムのローテーション強化や配備数増強、それにＴＨＡＡＤシステムの導入といった弾道ミサイル迎撃能力強化策は、いずれも中国や北朝鮮が発射して日本に飛来してくる弾道ミサイル弾頭を待ち受けて迎撃する受動的弾道ミサイル防衛（受動的ＢＭＤ）システムの強化策であった。

これらの受動的ＢＭＤとは根本的に哲学の違う防衛策に、「中国や北朝鮮が弾道ミサイルを発射する前に中国や北朝鮮の弾道ミサイル発射能力を破壊してしまえば、そもそも弾道ミサイルで攻撃されることはない」という能動的弾道ミサイル防衛（能動的ＢＭＤ）がある。

このような能動的弾道ミサイル防衛は、日本では「敵基地攻撃論」と呼ばれている。たしかに、日本でもしばしば大騒ぎになる北朝鮮のテポドン弾道ミサイルは大型の大陸間弾道ミサイルであるため、日本のＨ－Ⅱロケット発射施設のような地上に固定された発射台を擁するミサイル発射基地から発射されることになる。

ところが実際は、すでに本書で述べたように、中国や北朝鮮の対日攻撃用弾道ミサイルはそのようなミサイル発射基地から発射されるわけではなく、地上を自由に移動することができる地上移動式弾道ミサイル発射装置、ＴＥＬから発射される。

また中国の対日攻撃用長距離巡航ミサイルは、地上のＴＥＬ、爆撃機、駆逐艦、そして攻撃原潜から発射される。したがって「敵基地攻撃」というのは正確な呼称とはいえず、「敵発射装置攻撃」と表現したほうが実態を捉えていることになる。

北朝鮮ミサイルは日本向けなのか

能動的ＢＭＤにとって最大の問題点は、いつ敵のミサイル発射装置を「日本防衛のために」破壊するのか？　という攻撃のタイミングである。

現在も中国や北朝鮮は、明らかに日本攻撃用とみなすことができる長射程ミサイルを保有している。もちろん、それらの長射程ミサイル本体や各種発射装置や射撃統制システムなどを何らかの手段によって破壊した場合、日本は長射程ミサイル攻撃を受ける恐れがなくなる。

それならば、中国や北朝鮮と国際法的に戦争状態になっていない時期に、かつ中国や北朝鮮が対日攻撃を実施する具体的兆候を明確に示していない時期に、日本が中国や北朝鮮の長射程ミサイル発射関連装置などを破壊してしまうことができるのであろうか？　もちろん、そのような攻撃破壊能力を自衛隊が保有していると仮定したうえでの話であるが……。

この場合には、先制攻撃により、日本が中国や北朝鮮に戦争を仕掛けたことになるわけである。つまり「日本が戦争を始めた」ことになる。そして、自衛隊の先制攻撃によって中国や北朝鮮の対日長射程ミサイル戦力が壊滅してしまえば、「日本の喉元に突きつけられた匕首《あいくち》」のような脅威が排除されるわけだ。したがって、日本の防衛にとって極めて望ましい、といった考え方ができなくはない。

現に、アメリカではそれに類する「防衛策」を実施している。たとえば、アメリカが多国籍軍を編成してサダム・フセインのイラクを攻撃した際には、イラクが大量に保有しているアメリカや同盟・友好諸国を攻撃するための各種大量破壊兵器（ＷＭＤ）を破壊し、その使用を未然に防ぐという理由で、先制攻撃を皮切りにイラク戦争を開始したのである。

しかしながら、イラク軍を打ち破って、多数あるはずのＷＭＤ関連施設の徹底的な掃討戦の段階に達すると、「当初考えられていたようなＷＭＤは存在しなかったようだ」という状況が次々と現れた。その結果、「イラクによる大量破壊兵器使用を阻止する」というイラク戦争開戦理由は、多国籍軍を主導したアメリカ政府やイギリス政府が捏造《ねつぞう》したのではないのかという疑惑が、国際社会だけでなく、アメリカ軍内部にさえも生ずることになった。

イラクのＷＭＤと違って、北朝鮮がノドンやスカッドＤを保有していることには疑問の余地はないと考えられる。しかしながら、本書をはじめアメリカ軍関係者や多くの軍事アナリストなどがノドンやスカッドＤを対日攻撃用弾道ミサイルと考えているのは、それらのミサイルの性能（それも確実なデータとはいい難い）を踏まえて、日本を攻撃するだけの性能を備えたミサイルであろうから対日攻撃用ミサイルである、と推論しているに過ぎない。

ひょっとすると、北朝鮮にはノドンやスカッドＤを対日攻撃に用いる意思などまったくないのかもしれないのだ。

このように考えると、いくら国家間の関係が軍事的に険悪な状態であるといっても、中国や北朝鮮が「対日攻撃用」長射程ミサイルを保有しているというだけの段階で、先制攻撃によってその長射程ミサイル発射能力を壊滅させるのは（繰り返すが、万一にもそのような軍事能力を自衛隊が持っていればの話だが）、現行の日本国憲法が存在しようがしまいが、極めて乱暴な国防戦略といわざるを得ない。

日本の北朝鮮攻撃のタイミング

現在の日本と北朝鮮の関係を純客観的に考えると、北朝鮮軍が保有するノドンやスカッドのような日本を射程圏に収めている弾道ミサイルを「対日攻撃用弾道ミサイル」と考えるのは、利害関係のない第三者の立場からも妥当《だとう》な解釈といえる。

したがって、北朝鮮による対日開戦通告がなされていなくとも、北朝鮮軍が弾道ミサイル発射実験といった通告なしに「対日攻撃用弾道ミサイル」の発射準備を開始した段階で、自衛隊が発射準備中のＴＥＬを攻撃した場合には、「日本防衛のための先制攻撃」という主張ができないわけではない。

もちろんこの場合でも、あまりにも「乱暴」な方法であるとの批判や非難が、北朝鮮や中国、それに日本国内からも噴出することは十分予想される。そもそも軍事行動は基本的に「乱暴」なのであり、先制攻撃の動機や目的が自衛であっても、見方によっては「乱暴」に映ってしまう。

ましてや、外敵が攻撃を仕掛け、自分自身が撃滅される寸前までジッと待ち続け、最後の最後になって初めて防御行動を実施する、というイメージの「専守防衛」を国防の基本姿勢と思い込んでしまっている日本……いくら北朝鮮が対日攻撃用ミサイルの発射準備を開始したからといっても、実際に日本に向かって弾道ミサイルが飛来してこなければ防衛行動をとってはならない、そう考えてしまう人が存在しても不思議とはいえない。

しかし、そのような悠長な国防感覚に付き合っていては、能動的BMDの議論は絶対に不可能になってしまう。そこで、北朝鮮が対日攻撃用弾道ミサイルの発射準備を開始した段階で、ミサイル発射装置や弾道ミサイル自体を攻撃して破壊してしまうことを、能動的BMDに許されるタイミングと考えることにする。

それは、具体的にはどのような段階なのであろうか？

北朝鮮の対日攻撃用弾道ミサイルであるノドンやスカッドDは、地上（地下）に固定された建造物である発射装置、いわゆるミサイル発射基地から発射されるわけではない。通常は、TELに搭載された状態で洞窟式格納庫などに潜んでいて、ミサイル発射直前になると監視衛星などから発見されにくい地形の発射場所に移動する。

そこでTELに搭載されているノドンやスカッドDを直立させて液体燃料を注入する。この作業には一時間程度の時間を要するといわれている。その間、攻撃目標に対するデータ等の最終調整が射撃統制システムで実施される。そして、燃料が注入され終わったノドンやスカッドDは、いつでも発射可能な「発射態勢」に入る。

したがって、北朝鮮軍が対日攻撃用弾道ミサイルをTEL上で直立させて液体燃料の注入を開始した段階が、日本が自衛を理由に先制攻撃を実施することが許される段階となる。

本書でのシナリオのように、北朝鮮が日本に対して先制奇襲攻撃を敢行する場合には、対日宣戦通告以前に燃料注入を完了させて「発射態勢」に入ってしまうため、自衛隊が攻撃可能な時間帯には、いまだに対日宣戦通告がされておらず、TEL上にノドンやスカッドDが立ち、燃料が注入されているとはいっても、対日攻撃準備なのかどうかは不明である。

しかしながら、この時間帯に北朝鮮の弾道ミサイル発射装置を破壊してしまわないと、発射態勢にあるTELから日本に向けて弾道ミサイルが発射されるかもしれない。したがって、日本政府は腹をくくって「北朝鮮が日本に対する弾道ミサイル攻撃を敢行するにちがいない」と断定し、「北朝鮮による対日弾道ミサイル攻撃を事前に阻止する」ために、自衛隊に北朝鮮軍弾道ミサイル発射部隊に対する先制攻撃を実施させることになるのだ。

北朝鮮ミサイルを攻撃する絶好機

北朝鮮に対する能動的ＢＭＤを実施する際に、ノドンやスカッドDを攻撃するために自衛隊が手にしている時間は、弾道ミサイルがＴＥＬ上で直立させられ始めてから燃料注入が完了するまでのおよそ一時間だけということになる。

そして、ＴＥＬ上で弾道ミサイルを直立させて液体燃料注入作業を実施している間は、ＴＥＬは地表に固定された小型ミサイル発射基地という静止攻撃目標となるため、この一時間が攻撃するには絶好のチャンスということになる。

このような攻撃に最適な、かつ唯一攻撃可能な一時間という時間枠内で、北朝鮮のＴＥＬと弾道ミサイルを破壊するためには、攻撃以前に、ノドンやスカッドＤとともにＴＥＬが潜んでいる北朝鮮各地の格納施設の位置を特定しておく必要がある。

それに引き続いて、発見した格納施設を、監視衛星によって常時監視し続けなければならない。

格納施設からＴＥＬが発射予定場所に移動して、ＴＥＬに搭載されたノドンやスカッドＤが直立させられ、液体燃料注入作業が開始されたならば、直ちに自衛隊は攻撃行動を開始し、一時間以内にＴＥＬもろともノドンやスカッドＤを破壊しなければならない。

ＴＥＬの発見と追尾には、北朝鮮全域をカバーする偵察衛星を運用するか、高性能偵察機を多数運用していなければならない。ただし、日本側が発見・監視しなければならないＴＥＬは一〇〇輌以上と多数であるので、偵察機を頻繁に北朝鮮上空に送り込んで常時監視するというのは、現実的には困難である。実用可能性が高いのは、北朝鮮全域を頻繁に監視できる情報収集衛星ということになる。

現在、日本政府が運用している情報収集衛星は極めて高性能であり、毎日一回以上は地球上のすべての地域（ということは北朝鮮全域も）の克明な偵察が実施できるシステムである。しかしながら、北朝鮮全域の状況を把握できるといっても、この程度の頻度では、TELが発射態勢を固める状況をタイムリーに捕捉することはできない。

北朝鮮のTELが発射準備を開始した時点から一時間以内に破壊しなければならないという能動的BMD任務にとっては、二四時間絶え間なく北朝鮮全域を克明に監視できる能力を持った偵察衛星群が不可欠となる。

したがって、北朝鮮に対する能動的BMDを実施するために最初にクリアしなければならないハードルは、「北朝鮮全域を常時監視できる偵察衛星群の確保」ということになる。そして、この絶対条件を達成することは極めて困難であるというのが実情だ。

唯一の北朝鮮攻撃手段はF－2

仮に、日本自身の情報収集衛星に加えてアメリカやNATOなどの偵察衛星、それに商用衛星など多数の偵察衛星群からの情報を活用することによって、北朝鮮が対日弾道ミサイル攻撃準備を開始した状況を捕捉することができるようになったとしよう。そして日本政府が能動的弾道ミサイル防衛（能動的ＢＭＤ）を発動した場合、自衛隊はどのようにして北朝鮮領内のＴＥＬを一斉に破壊するのであろうか？

北朝鮮に対する能動的ＢＭＤとしての「敵基地攻撃論」が浮上すると、航空自衛隊戦闘機によって北朝鮮の「ミサイル発射基地」を攻撃することができるのか？　そして日本から飛び立った戦闘機が北朝鮮領内の「ミサイル発射基地」を攻撃して、再び日本に戻ってくることができるのか？　といった類の議論が交わされる。

たしかに日本では、過去半世紀以上にわたり、海を越えて他国を攻撃するすべての軍事行動は防衛行動から逸脱するもの、との考え方が支配的であった。そのため、自衛隊は北朝鮮領内のＴＥＬを攻撃する手段をほとんど保有していない。

結果、北朝鮮に対する能動的ＢＭＤに投入できる唯一の戦力は、航空自衛隊のＦ－２戦闘機と、それに搭載される五〇〇ポンド誘導爆弾（ＪＤＡＭ－ＧＢＵ38）程度ということになる。

高性能戦闘攻撃機であるＦ－２戦闘機は、とりわけ艦艇を攻撃する能力に秀《ひい》でているとはいっても、対地攻撃用の爆弾を装着すれば、地上目標を攻撃することも容易である。そして、航空自衛隊はＦ－２戦闘機に搭載する五〇〇ポンド誘導爆弾（ＪＤＡＭ－ＧＢＵ38）を保有しており、この爆弾によりTELのような小型目標に対する精確なピンポイント攻撃が可能である。

もっとも、後述するように、TELへの攻撃以前に、北朝鮮側の防空網（防空レーダー、対空ミサイルシステム、戦闘機、航空基地）を撃破しておき、F－2戦闘機が攻撃目標上空に無事到達できるようにすることが大前提であることはいうまでもない。

F－2戦闘機の戦闘航続距離は

航空自衛隊F－2戦闘機により能動的BMDを実施する場合、北朝鮮領内の攻撃目標周辺上空に接近するまでは燃料消費を抑えるために高空を飛行し、攻撃に際しては低空に降下してTELへ誘導爆弾を発射したあと、再び高空を飛行して日本に帰還する。この「高空―低空―高空」という飛行パターンが必要となる。

TEL攻撃用の爆弾を搭載したF－2戦闘機の「高空―低空―高空」戦闘行動半径は八五〇キロ以下であるので、韓国が上空通過を許可した場合には、福岡県の築城基地ならびに芦《あし》屋《や》基地、鳥取県の美保《みほ》基地、それに石川県の小松《こまつ》基地を発進したF－2戦闘機は、北朝鮮の一部を攻撃して帰還することが可能である。

次頁の図表8のA円が築城基地から八五〇キロ圏（芦屋基地の場合もほぼ重なる）、B円

図表８　F-2戦闘機による攻撃可能範囲

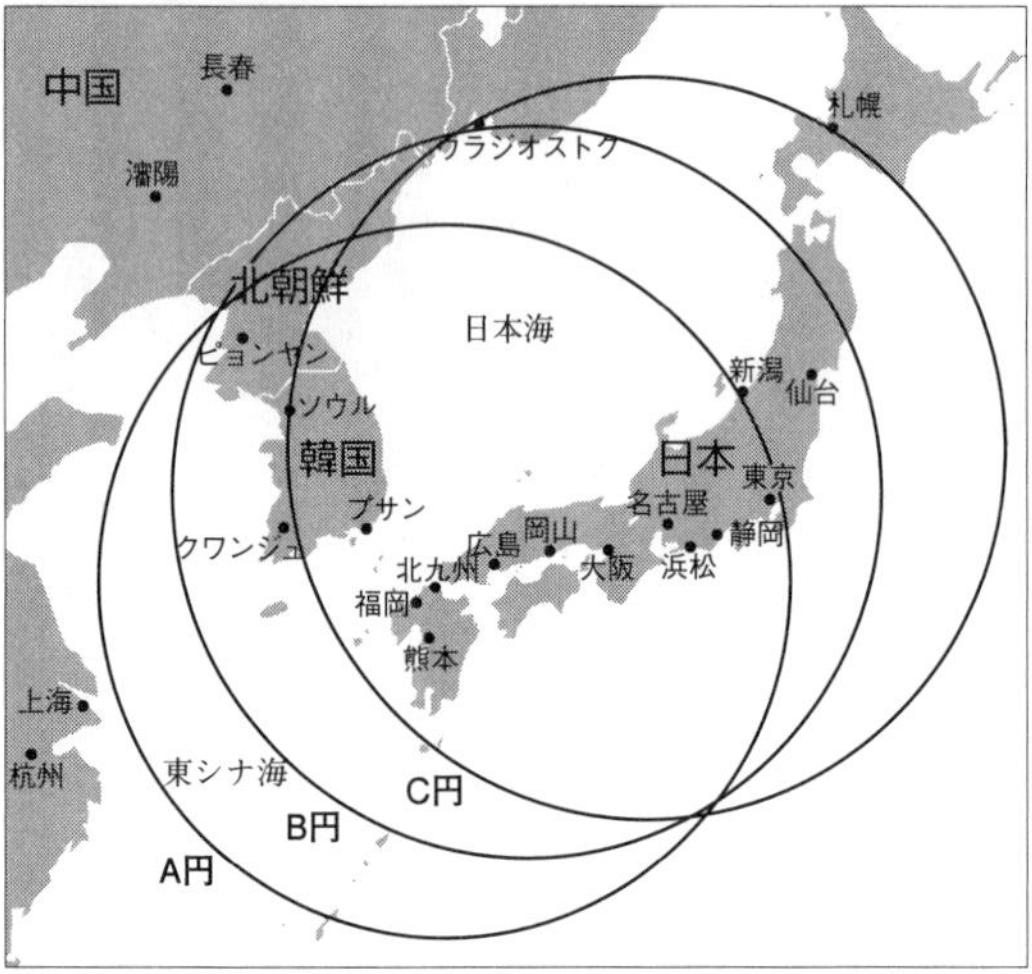

が美保基地八五〇キロ圏、C円が小松基地八五〇キロ圏である。美保基地からの発進がもっとも幅広く北朝鮮をカバーし、小松基地からの場合は、日本海沿岸域だけが攻撃範囲に入る。

しかしながら、韓国上空通過許可を事前に得ておくことは極めて困難であるため、実際には北朝鮮領内へのF－2戦闘機による攻撃は、美保基地と小松基地から実施することになる。

ただし中国遼寧省との国境地域は八五〇キロ圏外となってしまうため、この地域のTELを攻撃するF－2戦闘機には空中給油を実施する必要が生ずる。

いずれにせよ、TEL攻撃任務のF－2戦闘機の攻撃距離の問題は、何とかクリアすることになる。

北朝鮮攻撃に必要な戦闘機の数

航空自衛隊F－2戦闘機で北朝鮮領内の地上目標を攻撃するには、戦闘行動半径が足りていれば十分というわけではない。航空自衛隊と比較してみると北朝鮮軍の空軍力は「ゼロ」に近いとはいっても、F－2戦闘機によるTEL攻撃に先立って、北朝鮮の防空網（防空レーダー、対空ミサイルシステム、戦闘機、航空基地）を破壊しておく必要がある。

したがって、TEL攻撃用のF－2戦闘機に先立ち、レーダーサイト、対空ミサイル部隊、航空基地などを攻撃するF－2戦闘機、ならびに弱体とはいえ北朝鮮戦闘機を撃破するためのF－15戦闘機を出動させなければならない。

それらの北朝鮮防空網を撃破する攻撃に引き続いて、間髪をいれずにTEL攻撃部隊が北朝鮮領内に殺到しなければ、ノドンやスカッドDに液体燃料が注入されている一時間以内に、TELや弾道ミサイルを破壊することはできなくなってしまう。果たして、このような空襲を実施するには、どのくらいの数の戦闘機が必要になるのであろうか？

北朝鮮空軍は、ミグ29戦闘機を二五機保有しているほか、旧式戦闘機（ミグ23、ミグ21など）を二一〇機、骨董品《こっとうひん》に近い戦闘機（ミグ19、ミグ17など）を二〇〇機近く保有していい。

る。ミグ29以外の北朝鮮軍戦闘機は、航空自衛隊F－15戦闘機やF－2戦闘機の敵ではない代物《しろもの》ではあるが、TEL攻撃以前にできるだけ多数の戦闘機を撃破しておかなければならない。

したがって、航空自衛隊が二〇〇機ほど保有するF－15戦闘機を可能な限り多数、北朝鮮上空に送り込み、北朝鮮戦闘機を片っ端から撃墜する必要がある。

F－15戦闘機は、航空自衛隊の稼働機を総動員すれば間に合いそうであるが、F－2戦闘機はどうであろうか？

F－2戦闘機は、対地攻撃用の五〇〇ポンド誘導爆弾を最大四発搭載できるが、北朝鮮攻撃の場合、燃費を抑えるためには、最大数を搭載して出動するのはリスキーである。また、すべてのTELを破壊しなければならないという任務の性格上、一つのTEL部隊を攻撃するには、少なくとも二機のF－2戦闘機を向かわせる必要がある。

したがって、対日攻撃用弾道ミサイルのTEL一〇〇輛が五〇ヵ所に分散配置されていた場合には、最低でも一〇〇機のF－2戦闘機が必要となり、一〇〇ヵ所に分散配置されていた場合には二〇〇機のF－2戦闘機が必要となる。

これらのTEL攻撃用F－2戦闘機に加え、レーダーサイトや航空基地、それに対空ミサイルシステムを攻撃するためのF－2戦闘機も必要である。攻撃すべき北朝鮮空軍航空基地は一二ヵ所ほどで、レーダーサイトは三三ヵ所、そのほか空軍が運用する対空ミサイルが配備されている空軍施設は四〇ヵ所ほどである。

したがって、これだけで少なくとも一七〇機のＦ－２戦闘機が必要となり、北朝鮮弾道ミサイル部隊の配置状況によっては二七〇機（あるいは三七〇機）のＦ－２戦闘機が必要ということになってしまう。

航空自衛隊は東日本大震災の津波で破損した機体の修理が完了したとしても、Ｆ－２戦闘機を八八機しか保有していない。したがって、北朝鮮ＴＥＬ攻撃に投入できるＦ－２戦闘機は通常で八〇機程度であると考えられる。このような現有戦力では、とても一〇〇輛前後のＴＥＬを一斉に破壊することは困難である。

よって、現在の航空自衛隊戦力では能動的ＢＭＤは実施できないわけではあるが、理論的には、上記のようにあと三〇〇機程度のＦ－２戦闘機と搭乗員や整備要員、それに航空施設などが準備できれば可能ということになる。しかし、Ｆ－２戦闘機を三〇〇機調達することだけを考えても、一機一二〇億円として三兆六〇〇〇億円が必要となる。

予算以上に問題なのが、実戦を想定した戦闘機搭乗員の確保である。戦闘機一機あたり少なくとも三～四名のパイロットを用意しておかねばならないため、新たに調達する三〇〇機以上のＦ－２戦闘機に必要な数百名の搭乗員をどのようにして確保するのか、それが問題となる。

さて、以上のように予算と人員の極めて高いハードルを乗り越えることができたとしても、もう一つ最大の難関に直面することになる。時間の苛酷さである。

本節の冒頭で述べたように、北朝鮮の弾道ミサイル発射装置を破壊するために自衛隊が有する時間は最大で一時間である。ところが、F－2戦闘機の巡航速度はマッハ〇・八であるから、発進や攻撃目標接近に際して最高速度を絞り出したとしても、美保《みほ》基地あるいは小松《こまつ》基地から最長攻撃距離の八五〇キロ地点までは、およそ五〇分を要する。それら航空自衛隊基地に最も近接する北朝鮮の日本海沿岸域の攻撃目標までは、四〇分程度で到達する。

したがって、日本側にとっての攻撃の時間的余裕は一〇分から二〇分以下であり、その時間内に政府首脳が攻撃開始の意思決定をなし、防衛当局が攻撃命令を発し、二〇〇機の制空用戦闘機が次々に発進、それと時を同じくして三〇〇機もの発射装置攻撃用F－2戦闘機も逐次《ちくじ》発進しなければならない。

このような神業《かみわざ》に近い手順がすべて順調に運んだ場合には、六五〇〜八五〇キロ遠方の北朝鮮ミサイル発射装置を攻撃する時間を確保できる可能性が生ずる。そして最後に、攻撃用F－2戦闘機は、攻撃目標に爆弾を発射するまで何らの妨害も受けないことが大前提となる。

以上のように、航空自衛隊戦闘機による北朝鮮に対する能動的弾道ミサイル防衛、すなわち「敵基地攻撃論」は、過酷な時間の障壁を神業的熟練と幸運によって乗り越えねばならず、中立的立場から判断すると、現状では実行可能性は極めて低いと考えざるを得ない。

対中「敵基地攻撃論」の有用性は

北朝鮮の対日攻撃用弾道ミサイルであるノドンやスカッドDと違って、中国の対日攻撃用弾道ミサイルは、すべて固体燃料を使用している。ゆえに、液体燃料を注入する手間は必要なく、TELが発射地点に到着すると、最終調整をして一五分と経たないうちにミサイル発射が可能となる。すべての長距離巡航ミサイルも、弾道ミサイルより短時間で発射することができるのだ。

また、TELから発射される弾道ミサイルや巡航ミサイルと違い、攻撃原子力潜水艦や水上戦闘艦それに爆撃機などから発射される巡航ミサイルは、それらのプラットフォームに装塡されている状態が、そのまま発射直前の状態なのである。

したがって、日本が中国の長射程ミサイル戦力に対して能動的ミサイル防衛を実施する場合には、「各種発射装置が対日攻撃態勢をとったであろう状況を確認してから」などとはいっていられない。実際に対日攻撃をしようとしていようがいまいが、弾道ミサイルや巡航ミサイルを搭載した発射装置を発見次第に攻撃しなければ、中国による対日先制攻撃を封じ込めることはできない。

ということは、中国人民解放軍が対日攻撃能力を持った長射程ミサイルを保有している以上、いま現在でも、第二砲兵地上移動式発射装置、093B型攻撃型原潜、095型攻撃型原潜、052C型駆逐艦、054型フリゲート、中国海軍H－6G爆撃機、中国空軍H－6爆撃機に対して、自衛隊が先制攻撃を実施しなければ、能動的ミサイル防衛にはならないということだ。

これでは、まさに「乱暴」な軍事行動を通り越して「滅茶苦茶」ということになる。要するに、中国に対する能動的ミサイル防衛、すなわち「敵基地攻撃論」は、そもそも成り立ちようがないアイデアということになるのである。

第七章　トマホークに弱い中国・北朝鮮

実戦シミュレーション⑦世界最強の巡航ミサイル「ハヤブサ」に狙われる中国最高幹部

二〇一X年、日本が八〇〇基のトマホーク長距離巡航ミサイル（トマホーク）を調達して「とりあえずの抑止力」を手にしたため、中国は日本に対する軍事恫喝《どうかつ》を当面のあいだは躊躇《ちゅうちょ》せざるを得なくなっていた。

中国が躊躇している間に、日本技術陣はアメリカ製トマホークを遥かに上回る性能（巡航速度マッハ二・〇、最大射程距離二五〇〇キロ、平均誤差半径〈ＣＥＰ〉二メートル）を誇る世界最強の長距離巡航ミサイル「ハヤブサ」の開発に成功した。

「ハヤブサ」は極めて強力な長距離巡航ミサイルであるため、中国共産党政府などがお決まりの「侵略的兵器である」との難癖《なんくせ》をつけてきたのみならず、アメリカ政府も懸念を示してきた。なぜならば、もし海上自衛隊艦艇に「ハヤブサ」が搭載されたならば、ハワイはもちろんアメリカに接近した海自艦艇からアメリカ本土までもが攻撃範囲に入ってしまうからであった。

そこで日本は、「ハヤブサ」は地上発射型のみを保有し、軍艦や航空機から発射する型は生産しないとしてアメリカ側を安心させた。ただし、この取り決めによって地上発射型長距離巡航ミサイルを必要としないアメリカ軍は「ハヤブサ」を手にすることができなくなるため、日本にとっても悪い取り決めというわけではなかった。

日本政府は「とりあえずの抑止力（しばらくのあいだ、中国や北朝鮮の対日軍事威嚇《いかく》を思いとどまらせるもの）」を「封じ込めうる抑止力（中国や北朝鮮が日本に対して軍事的威嚇をしようという考え自体を捨て去らせるもの）」へと強化するため、莫大な予算を投じて「ハヤブサ」の大量調達を実施した。

日本がかつての「一〇〇％受け身の防衛方針」から目覚めて、海自駆逐艦と潜水艦に大量のトマホーク長距離巡航ミサイルを搭載し、万一の場合には報復攻撃をも辞さない、という国際常識に近づいた防衛方針を打ち出したため、中国人民解放軍は自由に日本を攻撃できるという圧倒的有利さを失ってしまった。それに加えて日本は、中国や北朝鮮を常時監視することが可能な、高度な警戒監視衛星群まで運用するようになってしまった。

そこで中国人民解放軍指導部は、トマホークを搭載した海自艦艇を撃破するための戦力増強に最大のプライオリティを置いた。ところが、日本が中国に先駆けて超音速長距離巡航ミサイル「ハヤブサ」の開発に成功し、多数が陸上自衛隊に配備されつつあるというニユースが指導部を震撼《しんかん》させた。

早速、中国人民解放軍総参謀部は、日本やアメリカの協力者から入手した詳細なデータをもとに、対日短期激烈戦争のシナリオ分析を実施した。そのシナリオは、かつてのように、中国人民解放軍が一方的に日本領内に大量のミサイルを叩き込む、という流れとはまったく異なるストーリーとなった。

中国人民解放軍第二砲兵は、対日宣戦布告直後に着弾するように、多数のＤＨ－10長距離巡航ミサイルを、宣戦布告の二時間前から四五分前の間に発射しなければならない。ところが、監視能力を飛躍的に高めた日本によって、ＤＨ－10巡航ミサイル発射の状況を察知される可能性が極めて高くなった。

この場合、以下のシナリオのように、短期激烈戦争の流れは、これまで予期していなかった状況に立ち至ってしまうであろう。

宣戦布告の一時間五〇分前、０５１０時（午前五時一〇分）

日本の攻撃目標まで最も長い二〇〇〇キロを飛翔するＤＨ－10長距離巡航ミサイルが発射される。引き続き、飛翔距離に合わせて逐次ＤＨ－10が日本に向けて連射される。しかし、これらの発射状況は航空自衛隊警戒監視衛星群によって探知されており、ただちに日本防衛当局は、日本政府首脳へ反撃実施を進言する。

0515時

日本政府は中国共産党政府に対して、巡航ミサイル発射に関する非難声明とともに、自衛のための反撃を通告する。

0520時

反撃開始命令を受け取った自衛隊は、日本各地一〇〇ヵ所近くに分散配置されている陸上自衛隊「ハヤブサ」発射小隊が最終調整を済ませると同時に、それぞれプログラミングされた攻撃目標に向かって発射し始めた。「ハヤブサ」の着弾予定時間は最短距離の攻撃目標でおよそ二四分後、最長距離の攻撃目標でおよそ五八分後である。

0530時

日本海ならびに東シナ海海上を日本に向かいマッハ〇・九で飛翔する人民解放軍のDH－10の大半は、発射時点から航空自衛隊警戒監視衛星群に捕捉されており、防空総司令部とデータリンクされ、日本海上と東シナ海海上のイージス駆逐艦、四国上空の早期警戒管制機、それに空自対巡航ミサイル迎撃司令部によって、すべての追跡データは共有されている。

日本海上そして東シナ海上を日本に向けて飛翔する数百基のDH－10それぞれに対し、六隻の海自イージス駆逐艦のイージス戦闘システムが迎撃プログラムを生成し、捕捉しているDH－10に対してSM－6迎撃ミサイルが連射された。

0540時

マッハ四・〇でDH－10に肉薄したSM－6は、次々にDH－10を直撃し、現時点で八割以上のDH－10は粉砕され、海中に消えていった。

海上自衛隊防空網をかい潜《くぐ》って飛翔を続けることができたとしても、DH－10の飛翔状況はイージス戦闘システムによって捕捉されているため、データリンクが確立されている早期警戒管制機の指示を受けた航空自衛隊F－2戦闘機によって撃墜される運命が待っている。

0544時

上海にそびえ立つ中国人民解放軍系金融機関の超高層ビルを、四基の「ハヤブサ」が直撃した。これを皮切りに、中国共産党最高幹部や人民解放軍首脳が私腹を肥やしていた、上海で威容を誇る企業群が陣取る超高層ビルへ、次々と「ハヤブサ」が突入していった。

0555時

遼寧《りょうねい》省瀋陽《しんよう》市郊外にある対日ミサイル攻撃司令部も、一〇基以上の「ハヤブサ」に直撃され、最高指揮官はじめ高級幕僚たちが戦死。司令部機能は停止し、管制通信施設も沈黙したため、このときをもって、対日巡航ミサイル攻撃はストップした。

0600時

中国東北地方と東シナ海沿岸地方の中国空軍ならびに海軍の航空基地の管制施設やレーダー施設に、それぞれ数基の「ハヤブサ」が突入、中国軍機の運用は麻痺《まひ》状態に陥った。

また、この頃までに、上海や杭州《こうしゅう》それに青島などの中国共産党最高幹部たちの別邸は、すべて「ハヤブサ」によって破壊されていた。

0610時

マッハ二・〇の超音速で、海面すれすれを、そして地表の地形に対応しながら突き進んで攻撃目標に精確に突入する「ハヤブサ」の威力は凄まじく、上海をはじめ東シナ海沿岸部大都市域の中国共産党系や人民解放軍系の金融機関や企業が入るシンボル的な高層ビルの多くが、ことごとく破壊されてしまった。また、東海艦隊司令部や北海艦隊司令部、それに多数の航空施設の司令部機能、通信機能、センサー機能は、「ハヤブサ」の精密攻撃によって沈黙させられた。

0618時

日本の反撃に騒然となっていた北京市海淀区《かいでん》にある中国人民解放軍総参謀部作戦部に五基の「ハヤブサ」が次々と突入した。時を同じくして、北京市東城区の総参謀部情報部にも数基の「ハヤブサ」が突っ込んだ。これを皮切りに、北京の人民解放軍関係機関、中国共産党関係機関に多数の「ハヤブサ」が直撃を開始。また、中南海《ちゅうなんかい》の中国共産党幹部邸宅にも多数の「ハヤブサ」が突入を開始した。中南海は阿鼻《あび》叫喚《きょうかん》の様相を呈し、大混乱に陥った。

0630時

空自警戒監視衛星群とイージス戦闘システム、それに早期警戒管制機によって厳重に追尾されていたDH－10のすべてが、日本海上ならびに東シナ海海上で、海自イージス駆逐艦やミサイル駆逐艦から発射されたSM－6迎撃ミサイルと、空自F－2戦闘機から発射されたAAM－4空対空ミサイルによって海の藻屑と消えた。

この状況を確認した日本政府は、中国共産党政府に対し、

「即刻、対日軍事攻撃の意志を放棄する声明を発するとともに、全軍の攻撃態勢を解除せよ。三〇分以内に確認できない場合は、六〇〇基の『ハヤブサ』による第二次攻撃を実施し、中南海はじめ各地の中国共産党と人民解放軍最高幹部関係邸宅、事務所、企業を、すべて破壊する」

との通告を発した。

同時に、あらかじめの打ち合わせに則《のっと》って、アメリカ政府から中国共産党政府に対して、

「対日報復に核兵器を使用する兆候を示した瞬間に、アメリカは集団的自衛権を発動して対中核攻撃を実施する。我が国と日本の早期警戒監視衛星群は、現時点でも、第二砲兵の一挙手一投足を鮮明に捕捉している」

との警告が発せられた。

中国共産党最高幹部たちが「消滅」しないためには、「ハヤブサ」を突きつけている日

―本政府の警告に屈する以外、中国共産党そして人民解放軍には策はなくなる。

＊＊＊＊＊

長射程ミサイル攻撃を防げるのか

本書で見てきたように、中国や北朝鮮の弾道ミサイル攻撃に対して、日本は弾道ミサイル防衛システムによって対抗してはいるものの、多数の弾道ミサイルを発射された場合には、とても対処しきれる状態ではない。

そもそもアメリカ主導で開発が進められている弾道ミサイル防衛システムは、核攻撃のように少数のミサイルによる攻撃を想定しているものであって、中国の対日短期激烈戦争や北朝鮮の第二次朝鮮戦争における対日先制攻撃のような、多数の非核弾頭搭載弾道ミサイルによる飽和攻撃が想定されているわけではないので、これは当然のことといえよう。

日本にとってはさらに都合が悪いことに、中国は弾道ミサイルの比ではないほど多数の巡航ミサイルを配備しており、対日攻撃用だけでも一〇〇〇基を上回っている状況である。その増産ペースはますます加速しており、日本に対して数百基あるいは一〇〇〇基以上の巡航ミサイル飽和攻撃を実施しても、十分に在庫のミサイルを確保できる状況が迫りつつある。

対する日本は、弾道ミサイル防衛システムのような、巡航ミサイル防衛に特化した専用兵器の開発が進んでいないため、自衛隊が保有する警戒用航空機やイージス艦をはじめとする水上戦闘艦それに戦闘機や対空ミサイルなどを総動員して、中国の長距離巡航ミサイル攻撃に備えなければならない。

そして、弾道ミサイル攻撃以上に大量の巡航ミサイル飽和攻撃の前では、北海道から沖縄まで幅広く展開しなければならない自衛隊の防衛資源は、たちどころに枯渇してしまうというのが現状だ。

このような状況を打開するために、現存する弾道ミサイル防衛システムや巡航ミサイル攻撃に対処できる防衛資源の配置やローテーションを変更して防衛能力を強化したり、それら現行システム自体を強化する方策が考えられる。しかし、現行システムによる対処能力を増進させようとしても、中国や北朝鮮の各種長射程ミサイルの脅威を撥《は》ね除《の》けるには、想像を絶するほど莫大な予算と長い時間が必要となり、現実的には実現困難といえる。

まして、軍事力保持の目的といえる抑止力の状態、すなわち中国や北朝鮮が対日ミサイル攻撃を躊躇《ちゅうちょ》したり、そのような計画を考えること自体を諦めたりするような状態には、はるかに及ばないというのが現状だ。

このように現存するミサイル防衛能力を強化するのではなく、中国や北朝鮮の長射程ミサイル発射装置を破壊する軍事力を手にする方法、いわゆる「敵基地攻撃論」も、しばしば主張されている防衛策である。

もちろん、自衛隊がこのような攻撃力を手にするといっても、対日ミサイル攻撃が敢行される以前に、中国や北朝鮮のそれらミサイル発射装置を破壊してしまい、物理的に日本へミサイルを発射できなくする先制攻撃を目的とするわけではない。

そのように強力なミサイル発射装置破壊戦力を自衛隊が手にしたならば、中国や北朝鮮は自衛隊の先制攻撃を恐れて、対日ミサイル攻撃などは画策《かくさく》しないであろう、という抑止効果を期待しての発射装置破壊戦力の構築である。

しかしながら、中国や北朝鮮の対日攻撃用の弾道ミサイルや巡航ミサイルの発射装置は、地上移動式発射装置（ＴＥＬ）、爆撃機、駆逐艦、フリゲート、攻撃型原子力潜水艦などであり、機動性や隠密性に富んでいるため、それらを発見・捕捉して撃破するための戦力構築は、予算的にも技術的にも極めて困難であり、現実的な方策とはいえない。

このように、現行のミサイル防衛態勢を強化して抑止力を生み出す方策も、中国や北朝鮮のミサイル発射装置を破壊する戦力を構築して抑止力を生み出す方策も、ともに現実的ではない。すると、日本は中国や北朝鮮に対日長射程ミサイル攻撃を躊躇させたり、思いとどまらせたりする抑止力を手にすることは不可能なのであろうか？

抑止力の三類型

抑止力という言葉が出たところで、そもそも抑止力とはどのような性格を持った軍事力なのかを明らかにしておかねばならない。

軍事において抑止というのは、未だに軍事攻撃は仕掛けていないものの、なんらかの軍事的脅威を加えようとしている勢力（国家、同盟、テロリストなど）に対して「軍事恫喝や武力攻撃を躊躇させ、できれば思いとどまらせる、あるいはそのような計画を立てることすら諦《あきら》めさせる」ことを意味する。そして、そのための軍事的能力を抑止力と呼び、本質的性格によって大きく三種類に分類することができる。

まずは受動的抑止力――。

たとえば、中国が日本に対して多数の弾道ミサイルを発射した場合に、それらのすべてを日本領域内に着弾する以前に撃ち落としてしまうような防衛システムを保有したならば、中国は日本に対して弾道ミサイルによる威嚇や攻撃をすることを無駄と考える。このように、外敵の攻撃を日本で待ち受けながら、それらすべてを迎撃してしまう防御システムを保有するのが受動的抑止力である。

本書で検討した、自衛隊が保有する現行の弾道ミサイル防衛システムや巡航ミサイル攻撃に対処する防衛力は、まさに受動的抑止力の構築を目指す防衛システムである。それが完成すれば、外敵が日本に対する攻撃を行った場合でも日本はなんらの被害を受けることはないので、攻撃は無意味なものとなる。

受動的抑止力は、他の二つの類型と違って、外敵が実際に攻撃をしてきても被害を避けることができるため、理想の抑止力といえよう。しかしながら、技術的に「完璧」あるいは「完璧に近い」システムが開発できるのかというと、なかなか困難な状況である。

次は予防的抑止力——。

たとえば、中国が日本に対して長射程ミサイルを発射する以前に、日本がそのミサイル発射装置をすべて破壊することができれば、いくら中国がミサイルを発射したくとも、日本を攻撃することは物理的に不可能になってしまう。

日本がこのような発射装置破壊戦力を保有している場合には、実際に日本が先制攻撃を敢行して弾道ミサイル発射装置を破壊してしまわなくとも、中国は日本による先制攻撃を警戒して、日本に対する威嚇や攻撃を躊躇するとの期待が持てる。

このように、外敵の日本に対する攻撃能力そのものを先制的に破壊する能力を日本が保有することにより、外敵の軍事的威嚇や攻撃の意思を封じ込めるのが予防的抑止力である。

しかし、外敵が日本に対して攻撃を行った場合、その攻撃によって予防的抑止力が完全に破壊されていなければ報復攻撃が可能ではあるものの、日本は既に被害を受けていることになる。このような敵の先制攻撃による被害を避けるには、敵の攻撃を受ける前に日本側から先制攻撃を敢行して、外敵の攻撃能力を破壊してしまうしかない（ただし、「先制攻撃」か「自衛」かという微妙な政治的課題の解決を迫られる）。

先制攻撃をしない場合には、外敵が日本の攻撃能力を恐れて威嚇や攻撃を行わないかどうかは、あくまで外敵の意思決定に期待せざるをえないという不確定要素を抱えている。

最後に報復的抑止力――。

たとえば中国が日本に対して長射程ミサイル攻撃を加えようと画策している場合、日本が効果的な報復攻撃を実行できるならば、中国は報復を恐れて対日攻撃を躊躇するかもしれない。そして、日本が中国の長射程ミサイル攻撃の数倍の報復能力を持っていたならば、中国は日本に対するミサイル攻撃を実施しようとは考えなくなるかもしれない。

このように、報復攻撃力を保有することは抑止力となりうるし、報復攻撃力が強力になればなるほど抑止効果を期待することができる。報復攻撃力を日本が保有することにより、外敵による軍事的威嚇や攻撃の意思を封じ込める発想である。

そして、報復攻撃による抑止という考え方は、米ソ冷戦期に代表されるように核抑止戦略において典型的だが、それだけに限定する必要はない。外敵が日本に軍事攻撃を敢行した場合には、ただちに報復攻撃を行い、深刻な打撃を与える能力を持つので、抑止効果をも期待できるのだ。

つまり「外敵が日本に対して与える損害と自らが被る損害を天秤《てんびん》にかけて、対日攻撃はペイしないと判断するような報復攻撃力を日本が持っていたならば、敵の軍事攻撃は起こり得ないであろう」というのが報復的抑止力の論理である。

報復的抑止力に必要な攻撃力は、敵地や敵戦力を攻撃するという点では予防的抑止力と類似している。

たとえば、中国の長射程ミサイルによる対日攻撃を考えてみよう。これに対する報復的抑止力も予防的抑止力も、中国領内や中国軍用機、それに中国軍艦艇を攻撃する能力であることに変わりはない。しかし、予防的抑止力としての対中攻撃能力は、長射程ミサイル発射装置ならびに関連施設を破壊する戦力に限定されるが、報復的抑止力としての対中攻撃能力には、そのような限定はない。

したがって報復攻撃は、ミサイル発射装置以外の戦略的要地やインフラ、それに中国共産党指導者宅など、幅広い目標に対して敢行されうる（場合によっては、報復手段が核弾頭搭載弾道ミサイルでも構わないのであるが、本書では核戦略の議論は除外しているので、本書で論ずる報復攻撃力は通常戦力に限定する）。

要するに、報復的抑止力は、攻撃目標が限定されていないという点で、予防的抑止力と区別されるのである。

ただし、いくら中朝の対日攻撃能力に対応した報復攻撃力を手にしたと日本が考えても、対日攻撃に関する意思決定権は、中国や北朝鮮側にある。したがって、いくら日本側で十分強力な報復能力を保持していると認識していても、中国や北朝鮮側が長射程ミサイルを威嚇や攻撃に用いないという確実な保証は存在しない。

日本側の予期に反し、中国や北朝鮮が報復攻撃による損害などには目もくれず、長射程ミサイルによる先制攻撃を開始した場合には、いくら日本が報復できるといっても、ミサイル攻撃を受けてしまうという不安要因が存在する。もし日本が長射程ミサイル攻撃を受けて、中国や北朝鮮に対して報復攻撃を敢行した場合には、双方ともに被害は甚大《じんだい》であり、悲惨な結果を迎えることになる。

「とりあえずの抑止力」とは何か

いずれの類型にしろ、抑止力の有効性は敵味方双方の主観に基づいており、客観的に算出できるわけではない。とはいっても、どの程度敵の攻撃（たとえば弾道ミサイル攻撃）から自国を守ることができるのか、あるいはどの程度敵の特定目標（たとえば地上移動式発射装置）を破壊することができるのか、といった攻防の条件が限定される受動的抑止や予防的抑止の場合は、ある程度、客観的な予測ができないわけではない。

しかし、漠然と「報復する可能性がある」という報復攻撃力の存在によって、敵の先制攻撃を牽制《けんせい》しようとする報復的抑止の場合、抑止効果が生み出されたり無視されたりする主観的判断の占める比重が大きくなる。

もちろん、最終的には主観的判断に頼ることになるとはいっても、自らの軍事力と敵の軍事力を比較衡量《こうりょう》することによって、どの程度の損害を報復攻撃で相手側に与えることができるのか予測はできる。

そこで、そのような比較衡量に基づいて、現在自らが保有している報復攻撃力は「とりあえずの抑止力」から「封じ込めうる抑止力」までのあいだでどのレベルに位置づけられるのかを認識しておく必要がある。

「とりあえずの抑止力」とは、抑止効果が生じるであろう最小限と考えられる程度の報復攻撃力であり、「封じ込めうる抑止力」とは、敵に圧倒的なダメージを与えることができる程度に強力な報復攻撃力を意味する。

何度も繰り返すが、客観的データにより報復的抑止力のレベルを導き出したとしても、それはあくまでも自分自身の主観的判断であり、相手側が同じように判断するかに関しての保証はない。

そもそも報復攻撃力とは、できるだけ自分自身は損害を被ることなく、敵の弱点を集中的に攻撃し、敵に可能な限り深刻な損害を与える軍事力である。いくら敵を攻撃できても、自分自身も壊滅するような「特攻攻撃」では、効果的な報復攻撃とはいえない。また、自分は損害を被らず敵を攻撃することができても、ただ闇雲《やみくも》に敵を攻撃するだけで効果的な攻撃がなされなければ、それは報復にならない。

この文脈における「効果的」というのは、国情によってスタンダードが様々であると考えられる。たとえば、日本に対して「効果的」な軍事攻撃と、中国に対して「効果的」な軍事攻撃とでは、「効果的」の意味合いが違ってくる。

過去半世紀以上にわたって平和を享受《きょうじゅ》してきた日本では、艦艇が一隻撃沈された瞬間にメディアや世論が反戦に傾くかもしれない。しかし、メディアを共産党が統制しているうえに断続的に国内外での戦闘を経験している中国では、そのような反戦機運がたやすく生ずることはない。

また日本では、いくつかの原発が軍事攻撃されて大規模な放射能汚染が発生したならば、国民の反戦運動が起こる以前に政府自らが停戦を希求し、国民をそれ以上の放射能汚染から救わなければならないことになる。しかし中国では、原発が攻撃されて放射能汚染が広まっても、一般人民の生活よりも中国共産党権力中枢の権益維持のほうに優先権が与えられるため、共産党首脳の戦争継続意思を挫《くじ》くことにはならない可能性が高い。

実際に、あるアメリカ陸軍大将が、中国で人民解放軍最高幹部たちとの宴会に出席したところ、いささか酔っ払った中国人民解放軍の大将が、「我々は上海が核攻撃を受けて消滅しても戦争は続けるが、アメリカはロサンゼルスが核攻撃を受けた瞬間に戦争はできなくなるであろう」と、テーブルをぶっ叩きながら豪語したという。まさに国情によって軍人を含む国民の命の価値にはばらつきがあるし、政府（あるいは特権グループ）の重みも異なるため、「効果的」を予測するには、敵側の主観に立って判断しなければならない。

「とりあえずの抑止力」の脆弱性

「とりあえずの抑止力」を生み出すため、どの目標に対してどのような報復攻撃を実施するのが「効果的」なのか、それを推測するのは難しい。「封じ込めうる抑止力」は、敵の主要軍事力や補給能力、それにエネルギー供給力などのインフラを大規模に破壊するような圧倒的軍事力であり、国情による差異は少ない。しかし、大規模な破壊ではなく、ピンポイントで敵の戦争継続意思を打ち砕くような攻撃目標、すなわち「決定的脆弱性《ぜいじゃくせい》」は、まさに国情に応じて千差万別である。

たとえば、共産党独裁国家である中国の決定的脆弱性は、独裁的意思決定機関である中国共産党最高指導部であると考えられる。中国よりもさらに独裁支配色が強い北朝鮮の決定的脆弱性は、さらに少数の朝鮮労働党特権支配グループである。

このような独裁国家における決定的脆弱性がピンポイントで攻撃（本人だけでなく執務機関ならびに公邸や私邸それに親族等関連人脈に対する攻撃）されて独裁的意思決定システムが麻痺《まひ》した場合には、国内統治機構はたちまち崩壊し、組織的軍事行動はたちどころにストップする。このことは、古今東西の歴史が雄弁に物語っている。

したがって、中国人民解放軍という強大な軍隊と正面切って戦闘を繰り広げて、それを殲《せん》滅《めつ》するという気の遠くなるような大戦争に突入せずとも、決定的脆弱性と思われる人物、機関、それに施設などにピンポイント攻撃を実施して大打撃を加えれば、強大な軍隊同士が激突せずして、敵軍の系統だった軍事行動を麻痺させ、勝利を得ることが期待できるのだ。

憲法第九条や「専守防衛」という奇妙な原則に拘泥《こうでい》してきた日本は、自衛隊という大規模な軍事組織を構築してきたにもかかわらず、中国や北朝鮮に限らずいかなる外敵に対しても、報復攻撃を実施するための軍事力を保有しないように努めてきた。その結果、現在の自衛隊は、様々な優秀かつ高価な兵器を手にしてはいるものの、中国に対しても北朝鮮に対しても、海を渡って攻撃する能力はほとんど保有していない。

つまり、中国や北朝鮮の決定的脆弱性と考えられる独裁的特権支配機関の本拠地に対し最小限のピンポイント攻撃を実施する軍事能力は、日本には存在しない。

航空自衛隊は、辛《かろ》うじて北朝鮮領内への爆撃を実施できるF-2戦闘機を七〇〜八〇機程度保有している（二〇一四年現在は七五機で、その他東日本大震災の津波で破損した一三機が修理される予定）。しかしながら、すでに本書で見てきたように、F-2戦闘機から五〇〇ポンド誘導爆弾（一機あたり四発搭載可能）で北朝鮮領内を攻撃できるからといっても、北朝鮮の決定的脆弱性が集中しているであろう平壌《ピョンヤン》の特定箇所をピンポイント爆撃するには空中給油が必要となり、そのための空中給油機の数が少な過ぎる。

また、平壌に接近するにあたって、北朝鮮各地のレーダー網や対空施設、それに弱体とはいえ北朝鮮軍航空機を撃破しなければならない。一〇〇機にも満たない地上攻撃用戦闘機では、まったく手も足も出ない作戦なのである。まして、わずか七五機のF-2戦闘機と四機の空中給油機では、中国の決定的脆弱性の多くが位置している北京を攻撃することなど夢物語に近い。

中朝への報復攻撃力を持つと

現在の日本には「とりあえずの抑止力」を期待できるような報復攻撃力はもとより、対中朝攻撃力は存在していない。その結果、中国や北朝鮮の軍事指導部は、「日本から攻撃される」という変数をまったく除外して、日本攻撃作戦計画を立案することができるのだ。

軍事にかぎらずビジネスやスポーツなどのあらゆる競争において、相手が攻撃してこないということが保証されていれば、これほど楽な状況はない。一方的に攻撃する手段と方法を考えて、主導権を手にした状態での日本攻撃計画を、自由に立案することが可能である。

逆説的にいうと、「日本から攻撃される」という変数が存在するだけで、対日攻撃計画は複雑になってしまうわけだから、そのような変数を初めから捨ててかかっている日本は、お人好しを通り越した存在ということになる。

中国や北朝鮮に、いまのところ存在しない「日本から攻撃される」という変数を突きつけるには、日本自身が「とりあえずの抑止力」を手にするしか方法はない。すなわち、最小限度でよいから（現在ゼロである以上、当面は最小限度しか無理である）、中国や北朝鮮の決定的脆弱性に対する報復攻撃力を手にしなければならない。

この、報復攻撃力としては最小限のレベルである「とりあえずの抑止力」によって、中国や北朝鮮の軍事力に対して決定的な打撃を加えることは無理である。しかし、何らの攻撃力をも保持してこなかった日本が「とりあえずの抑止力」を持つことにより、中国人民解放軍や北朝鮮軍の戦略家たちには、「日本から攻撃される」局面を想定して防御作戦を考える必要が生じる。

いままでのところ、いかなるレベルにおいても一方的な攻撃作戦だけを検討すればよかった状況だったのが、日本が領内を攻撃してくる事態を想定し、それに対する戦略・戦術を策定、戦力を割り当てなければならなくなるのだ。

このように、これまで通りに自由に攻撃作戦を立案させないようにするという効果があるだけでも、日本が「とりあえずの抑止力」を可及的速やかに手にする意義は大きいし、絶対に必要となる。

トマホークのピンポイント攻撃で

それでは、中国や北朝鮮に報復攻撃を実施するには、どのようにすればよいのか？

報復攻撃の鉄則は、できるだけ自分自身は損害を被ることなく、中朝の決定的脆弱性に集中攻撃を実施、中国共産党指導部や朝鮮労働党特権支配グループに可能な限り深刻な損害を与えることである。そのような、ピンポイント攻撃を敢行できる方法としては、現在のところ、長射程ミサイル（弾道ミサイル・長距離巡航ミサイル）による攻撃が唯一の選択肢である。

日本は弾道ミサイルを製造する技術力は保有しているが、実際に中国や北朝鮮を報復攻撃する兵器としての弾道ミサイルを開発するには、ある程度の年月が必要である。しかし、「とりあえずの抑止力」を手にするためには、日本自身による弾道ミサイルの開発を気長に待っているわけにはいかない。かといって、弾道ミサイルを輸入することはまったく不可能である。

一方、長距離巡航ミサイルは、弾道ミサイル同様に独自開発には時間がかかり過ぎるものの、アメリカからトマホーク長距離巡航ミサイル（トマホーク）を購入するというオプションが存在する。

日本がアメリカ製の武器に頼らざるを得ないことに対して「対米従属が強まり、独立国とはいえない」といった批判がなされることがあるが、そのような批判は感情論に過ぎない。アメリカの兵器やＧＰＳを使用しなければならないのは確かだが、イギリスは、トマホークのみならず核抑止力としての潜水艦発射型弾道ミサイルもアメリカ製のＵＧＭ－１３３を運用している。しかし、イギリスがアメリカの従属国とは考えがたい。

日本がアメリカからトマホークを輸入して運用することは、従属関係が深まるというよりも、日米共通の主力攻撃兵器を保有するという、同盟関係の目に見える強化となるのだ。

日本へのトマホークの輸出は、アメリカにとっても軍事戦略上プラスとなる。また、日本がトマホークを保有して独自の抑止力を構築する第一歩とすることは、日本がアメリカの

「軍事力の傘」から自立するためにも大きなステップとなる。

もちろん数百基のトマホークを自衛隊が手にしたからといって、中国や北朝鮮に対して壊滅的損害をもたらす大規模攻撃を実施することはできない（トマホークに搭載される高性能爆薬弾頭は、一〇〇〇ポンド爆弾一発分程度である）。

しかしながら、極めて命中精度が高いトマホークは、ピンポイント攻撃にうってつけの兵器であり、中国や北朝鮮の決定的脆弱性をピンポイントで攻撃することが可能となる。中国共産党指導部や朝鮮労働党特権支配グループを脅かすだけの打撃力は、実戦を通して十分に証明されている。

中国が恐れるトマホークの配備

日本が手っ取り早く導入できる唯一の対地攻撃用長距離巡航ミサイル（LACM）、トマホークには、水上戦闘艦発射型と潜水艦発射型があり、最大射程距離は一七〇〇キロとされている。命中精度は極めて高く、現在の最新型トマホークは、狙った目標から五メートル以内に着弾する。

トマホークは、一九九一年の湾岸戦争で投入されて以来、数々の実戦で使用されている。米軍や多国籍軍がイラクやリビアなどに進攻した際には、進攻軍の攻撃に先立って、敵のレーダーシステムや対空ミサイルそれに独裁的支配グループ本拠地などに発射された。

たとえば、湾岸戦争でのイラク進攻に際して、一九九一年一月一七日に、アメリカ海軍水上戦闘艦と潜水艦から、合わせて二八八基のトマホークが連射された。同様に、二〇〇三年のイラク戦争の緒戦では、合わせて七二五基のトマホークがバグダッドを含むイラク各地の目標に対して発射された。

二〇一一年の多国籍軍によるリビア進攻では、アメリカ軍艦からの一一二基とイギリス潜水艦からの一二基の、合わせて一二四基で攻撃が開始された。

この他にも様々な実戦に用いられながら改良を加えられてきたため、実戦で用いられたことのない中国の巡航ミサイルに比べると、トマホークの信頼性は格段に高い。現在トマホークはアメリカ海軍がおよそ三五〇〇基前後、イギリス海軍が一二〇基ほど保有している。

そして、トマホークに搭載される通常弾頭の破壊力は、航空自衛隊F－2戦闘機に搭載される五〇〇ポンド誘導爆弾二発分程度である。したがって、現在のところ何とか北朝鮮領内と上海周辺だけを攻撃できるF－2戦闘機八〇機（合計三二〇発の誘導爆弾が搭載可能）の対地攻撃力と同じ破壊力が、一六〇基のトマホークで達成できる。

ちなみに、トマホーク一基はおよそ一億円であるから、一六〇基を揃えるには一六〇億円必要である。一方、F－2戦闘機の調達コストは一機あたり一二〇億円で、五〇〇ポンド誘導爆弾は一発およそ三〇〇万円（ただし米軍での調達コスト）なので、F－2戦闘機八〇機に誘導爆弾三二〇発を搭載すると、装備費だけで約九六〇〇億円ということになる。もちろんこの他に、整備維持費と、パイロットや整備員の養成費用も巨額に上る。

逆に考えると、約九六〇〇億円では、トマホークが九六〇〇基も手に入ることになる（それほど多数のトマホークは存在しないが）。このように、破壊力と装備費だけを比較すると、いかにトマホークがコストパフォーマンスに優れているかが理解できる。

そのため、中国人民解放軍に立場を変えて考えてみると、長距離巡航ミサイルは大量に配備しがいのある魅力的な兵器ということになる。そして実際、二一世紀に入ると弾道ミサイル以上に長距離巡航ミサイルの開発が加速し、現在はまさに「大量生産体制」がフル稼働している状況である。

数量だけではなく、過去半世紀以上にもわたる研究の積み重ねと、ソ連崩壊後に多数（一五〇〇名以上）の巡航ミサイル専門家をロシアから「調達」した成果も表れて、性能的にもトマホークを凌駕《りょうが》する長距離巡航ミサイルが続々と誕生している。

たとえば、最新のトマホークの最大射程距離は一七〇〇キロで、最高巡航速度はマッハ〇・七五であるのに対し、中国の地上ならびに艦艇発射型東海10型長距離巡航ミサイル（DH－10）の最大射程距離は二〇〇〇キロで、最高巡航速度はマッハ〇・九、航空機発射型長剣10型長距離巡航ミサイル（CJ－10）の最大射程距離は二二〇〇キロといわれている。そして命中精度は、トマホークもDH－10もCJ－10も、大きな差異はないと見られる。

このように、中国自身が高く評価して増産体制を維持している長距離巡航ミサイルを、日本が報復手段として手にすることをもっとも恐れているのは、巡航ミサイルの価値を熟知している中国人民解放軍であることは間違いない。

そのため、アメリカの中国ロビーは数年前から、まだ日本がトマホーク購入交渉を開始していないにもかかわらず、日本に対するトマホーク移転阻止に向けてのロビー活動を密かに展開している、そう米軍関係者が懸念している。

それほどまでに中国が警戒しているトマホークである以上、日本は可及的速やかに調達交渉を開始しなければならない。相手の嫌がることを徹底的に実行することこそ、軍事戦略の基本なのである。

そしてトマホークの大量調達は、アメリカにとっても大口の取引となるだけではなく、同盟国日本が「アメリカにおんぶに抱っこではなく、まずは自ら戦おう」という意思の具体的表明と受け取られて、経済的にも政治的にも日米同盟強化に資することになる。

まさにトマホークを手にすることは、日本防衛にとって一石二鳥以上の効果を生み出すことは間違いない。

発射可能なトマホークの数は

日本が手に入れることができる（アメリカ政府・議会の承認が必要）トマホークは、アメリカ海軍水上戦闘艦のＭｋ－41垂直発射装置ならびにアメリカ海軍とイギリス海軍の攻撃型原子力潜水艦の魚雷発射装置から発射することが可能である。

アメリカ海軍のＭｋ－41垂直発射装置にせよ潜水艦魚雷発射装置にせよ、様々なミサイルなどを発射することを前提に設計されているため、トマホークもそれら発射装置から発射できるよう設計されることになり、既存の発射装置を使用できる。

恒常的に戦争や戦闘が絶えないアメリカ軍にとって、新種のミサイルが登場するたびに発射装置や管制装置などを換装するのでは、貴重な軍艦の使用を中断することになってしまう。そのような、予算の無駄を避けるため、現代の艦艇発射型各種ミサイルはＭｋ－41垂直発射装置から発射できるような仕様になっており、コントロールシステムも、管制装置そのものを換装せずとも、ソフトの入れ替えや簡単なモジュール式コントロールボックスの入れ替えなどで対処できるようになっている。

アメリカ海軍と戦術上の運用互換性が極めて高い海上自衛隊の駆逐艦の多くには、Ｍｋ－41垂直発射装置が装備してある。したがって、それら海自の水上戦闘艦では、トマホーク発

図表9　海上自衛隊トマホークミサイル装填可能数（2015年1月現在）

水上艦	垂直発射管トマホーク装填可能数	同型艦保有数	最大装填数（理論上）
あたご型	96	2	192
こんごう型	90	4	360
あきづき型	32	4	128
たかなみ型	32	5	160
むらさめ型	16	9	144
ひゅうが型	16	2	32
試験艦あすか	8	1	8
水上艦合計			1024
潜水艦	魚雷発射管トマホーク装填可能数	同型艦保有数	最大装填数（理論上）
そうりゅう型	6	5	30
おやしお型	6	11	66
練習潜水艦	6	2	12
潜水艦合計			108
合計			1132

射装置の換装などの必要がなく、トマホーク攻撃計画システムと発射制御管制システムを装着するだけで、発射が可能となる。

また、海上自衛隊潜水艦の魚雷発射装置はアメリカの攻撃型原潜と互換性があるため、やはりコントロールシステムを装着するだけで、潜水艦の魚雷発射管からトマホークを発射することが可能になる。

海上自衛隊の駆逐艦などに装着されているMk－41垂直発射装置には数通りのバリエーションがあり、ミサイル装填可能数は図表9の通りである。

このように現在、海上自衛隊には、最大一〇二四基の水上戦闘艦発射型トマホークと、最大一〇八基の潜水艦発射型トマホーク、合わせて一一三二基を一度に装填する能力が備わっている。

ただし、海上自衛隊にかぎらずいかなる海軍の軍艦も、通常はミサイル発射管すべてにトマホークだけを装塡するわけにはいかない。自分自身や艦隊を敵の航空機や艦艇による攻撃から防御するための各種ミサイルを搭載しなければならず、対空ミサイル、対艦ミサイル、対潜ミサイル、それに弾道ミサイル防衛ミサイルなどが装塡されるため、自衛隊水上戦闘艦のMk－41垂直発射装置に装塡可能なトマホークは最大限でも六〇〇基といったところであろう。

潜水艦の場合も、魚雷発射管全部にトマホークを装塡するわけにはいかない。ただし、魚雷の命中性能が飛躍的に向上したため、アメリカ海軍の攻撃型潜水艦の魚雷発射管は、かつて六本であったものが現在は四本となっているが、海上自衛隊では六本のままである。これはトマホーク装塡には理想的であり、魚雷を二基とトマホーク四基を装塡することができる。

水上戦闘艦のMk－41垂直発射装置の場合、ミサイルを発射してしまうと原則として基地に戻らなければ補充できない。しかし、潜水艦の場合、発射した魚雷やミサイルは再装塡することができる。とはいっても、艦内は狭く多数の魚雷やミサイルを搭載することはできないので、初期に装塡しているものも含めて発射管数の三倍が携行可能数とされている。

したがって、六本の魚雷発射管を装備する海自潜水艦の場合、予備を含めて四基の魚雷を携行すると、トマホークは一四基携行できることになる。すると、海自潜水艦一隻が一度に連射できるトマホークは四基であり、再装塡を繰り返しながら発射できる数は一四基ということになる。

以上のように考えると、海上自衛隊の現有艦艇によって、約八〇〇基のトマホークを発射することが可能である。そして、水上戦闘艦発射型トマホークは一基およそ一億円であり、潜水艦発射型トマホークは一基およそ一億五〇〇〇万円である。すると、海上自衛隊は、約九〇〇億円で上記のような駆逐艦と潜水艦から発射されるトマホーク約八〇〇基を手にすることができる計算になる（実際にはテスト用数十基を含めて約一〇〇〇億円）。

この場合、自衛隊艦艇の稼働状況や展開状況を考えると、現実的には保有する八〇〇基全弾を一度に発射するのは困難であり、四〇〇〜五〇〇基が報復攻撃として連射されることになる。

北朝鮮への「四倍返し」の値段

北朝鮮が対日攻撃に用いるノドンやスカッドDの通常弾頭は、一〇〇〇ポンド爆弾二発に相当する破壊力を持っているとされている。もし北朝鮮がノドンとスカッドDを合わせて一

○○基、日本に撃ち込んだ場合、日本に対して発射された破壊力は一〇〇〇ポンド爆弾二〇〇発分ということになる。

一方、トマホークに搭載される通常弾頭の破壊力は一〇〇〇ポンド爆弾一発と同等である。したがって、自衛隊がトマホークを二〇〇基北朝鮮に撃ち込めば、北朝鮮が日本に撃ち込んだ破壊力と同等の破壊力による報復を実施したことになる。

すなわち、自衛隊が保有数の半分、四〇〇基のトマホークを北朝鮮に撃ち込めば、「倍返し」ということになり、現実的ではないが全弾八〇〇基のトマホークを撃ち込めば、「四倍返し」の報復ができることになる。

これはあくまで単純な破壊力そのものの比較に過ぎない。もちろん破壊力も大切な要素であるが、それ以上に重要なのは攻撃目標である。トマホークの最大射程距離は一七〇〇キロであるため、日本海はもちろん太平洋側沿岸海域を航行する海上自衛隊艦艇から発射されても、北朝鮮全域が射程圏に収まることになる。

したがって、平壌に位置している決定的脆弱性に対し、少なくとも四〇〇〜五〇〇基のトマホークを撃ち込んで報復攻撃を実施することができるのだ。

一方の北朝鮮は、極めて多数の対空ミサイルを揃えており、数量的には世界でもっとも対空ミサイル密度が高いといわれている。しかしながら、それらの大半は、一九五〇年代から一九七〇年代にソ連で開発された旧式の防空システム。レーダー装置もステルス爆撃機や超低空で接近する長距離巡航ミサイルなどを捕捉することはできない代物《しろもの》である。

したがって、北朝鮮を空襲する場合、対レーダーミサイルとステルス爆撃機などを用いれば、簡単に警戒監視網を破壊でき、あとは旧式対空ミサイルを破壊してしまえば、相手は目視での防空兵器しか使えなくなってしまう。そんな「数だけ」の防空システムに過ぎないし、早期警戒管制機や早期警戒機はもとより、空からの警戒監視システムはもちろん保有していない。

したがって、トマホークが日本海上から接近していっても、ほとんど発見される恐れはなく、北朝鮮領内を超低空で自由自在に飛翔し、攻撃目標を破壊することができる。

このように、年間の防衛費の約二%、一〇〇〇億円を投入してトマホークを海上自衛隊艦艇に配備するだけで、日本は北朝鮮に対し最大で「四倍返し」の報復攻撃力を手にすることになる。

北朝鮮が弾道ミサイル戦力を倍増させても、自衛隊による「数倍返し」の報復を覚悟せねばならないため、これだけの報復攻撃力を日本が手にするならば、「とりあえずの抑止力」を上回る抑止効果が期待できる。

対中報復攻撃は日本海から

国際軍事常識をはるかに凌駕《りょうが》したスピードで長射程ミサイル戦力の充実に邁進《まいしん》し、短期激烈戦争を周辺国に対する侵攻（可能性による脅迫）のドクトリンとしている中国に対しては、トマホーク四〇〇〜五〇〇基による報復攻撃だけでは「とりあえずの抑止力」を超えた抑止効果は期待できそうにない。

まずは単純な破壊力の比較をしてみよう。

中国が対日攻撃に投入する弾道ミサイルと長距離巡航ミサイルに装着される通常弾頭は、トマホークとほぼ同等の破壊力を持っている。したがって、中国人民解放軍が八〇〇基の長射程ミサイルを日本に撃ち込み、それに対して自衛隊が手持ちのトマホークをすべて中国に向けて発射した場合には、破壊力だけでいえば同等の報復攻撃を実施したことになる。

しかしこの場合、自衛隊にはもはや連続して攻撃する戦力が残っていないが、中国人民解放軍には未だ数十基の弾道ミサイルと数百基の巡航ミサイルが残り、対日攻撃を再開できる。つまり、破壊力だけの比較では、日本側の報復攻撃力は「とりあえずの抑止力」の域を出ることはない。

ただし、繰り返しになるが、抑止効果は破壊力だけでは生じない。どれだけ中国側の決定

図表10　隠岐島沖合からのトマホークの最大射程圏

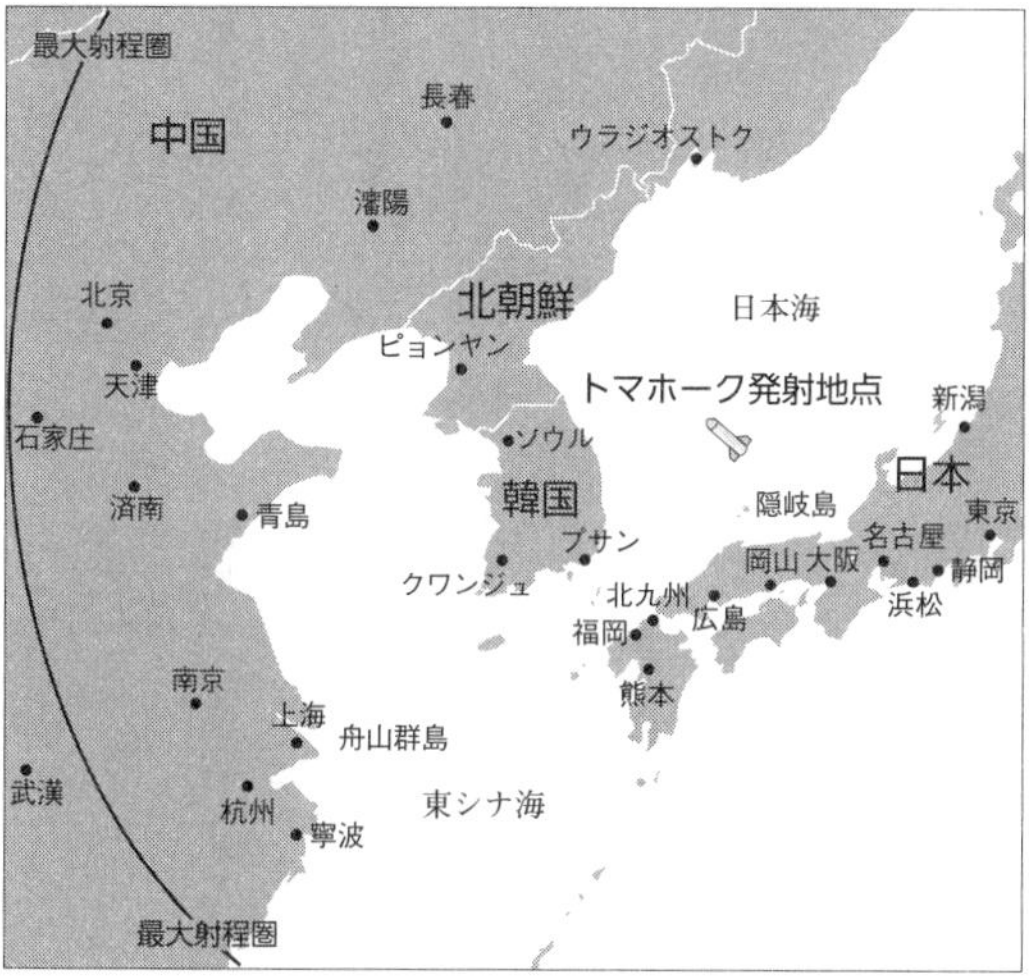

的脆弱性に対して深刻なダメージを加えたかに大きく影響されるのだ。

トマホークの射程は一七〇〇キロであるため、自衛隊による北京への報復攻撃は平壌に対するほど自由度があるわけではないものの、実施可能な距離だ。いずれの攻撃経路をとるにせよ、トマホークは海上自衛隊艦艇から発射されて、一五〇〇〜一七〇〇キロ近い長距離を飛翔しなければ北京へは到達しないため、発射から着弾までには二時間近くの時間がかかることになる。

北京攻撃にとって最短距離である九州南西方沖東シナ海の自衛隊艦艇からトマホークを発射すると、六〇〇キロほど東シナ海上空を飛翔して江蘇《こうそ》省上空に達する。この東シナ海上空を通過している区間では、上空を警戒監視している中国空軍の早期警戒管制機や早期警戒機に発見される可能性がなくはない（本書で述べたように、いくら高性能警戒機といえども、飛翔中の巡航ミサイルを探知するのは現実には至難《しなん》の業《わざ》である）。

江蘇省上空に達したトマホークは、そのあとは陸地上空を超低空で北京目指して飛翔することになるが、陸上での超低空を飛行する巡航ミサイルを探知するのは神業に近いといわれている。

東シナ海からの攻撃よりも、さらに探知されてしまう可能性が低い攻撃経路は、日本海からのものだ。舞鶴《まいづる》港から隠岐島にかけての沖合の日本海大和堆《やまとたい》周辺海域から隠岐堆周辺海域の自衛隊艦艇からトマホークを発射すると、五〇〇キロほど日本海上を飛翔して北朝鮮領上空に到達する。北朝鮮領上空を飛翔して中国遼寧省上空に達したトマホークは、中国軍対空警戒網では探知しづらい地上の低空飛行を続けて北京に接近し、攻撃目標に突入することになる。

この経路では、探知される可能性がある海上は北朝鮮の排他的経済水域や領海を飛翔するが、防空警戒能力が極めて弱体な北朝鮮軍によって探知される恐れはほとんどない。

自衛隊がトマホークを東シナ海よりも日本海から発射したほうが都合がよいもう一つの理由は、中国海軍のアクセスの難しさである。

中国の東シナ海沿岸域には、その中心部付近の寧波《ニンポー》に東海艦隊司令部があり、上海と舟《しゅう》山《ざん》群島には大規模な海軍拠点がある。そして、沿岸域にはいくつかの軍港と海軍航空基地が設置されている。さらに空軍も、東シナ海沿海地域に多数の航空基地と防空施設を保有している。加えて、東シナ海の北方に隣接する黄海《こうかい》に突き出した山東《さんとう》半島の青島《チンタオ》には、中国海軍北海艦隊司令部があり、黄海沿いに海軍施設と航空施設が設置されている。

したがって、東シナ海には東海艦隊の艦艇・航空機はもとより北海艦隊の戦力も短時間で展開可能である。それだけではなく、空軍の強力な航空戦力や東シナ海沿岸域に設置された対空ミサイル網、対艦ミサイル網が睨《にら》みを利かせている。それら東シナ海に面して設置されている中国人民解放軍の軍事施設は、少なくとも量的には、東シナ海に面する自衛隊施設よりも圧倒的に優勢である。

このように、東シナ海に展開する海上自衛隊艦艇と航空機、そして航空自衛隊航空機は、中国人民解放軍の航空機や艦艇に相当高い確率で脅かされることになる。

しかし日本海では、戦略環境が東シナ海とは大きく異なっている。現在のところ日本海は、中国海軍力が入り込める状況にはない。日本側が対馬《つしま》海峡の警戒を最高度に高めるとともに、通航を試みる中国艦艇をすべて撃破する態勢を固めれば、中国海軍艦艇は対馬海峡を突破することは極めて難しい。

同時に、津軽《つがる》海峡や関門《かんもん》海峡それに豊後《ぶんご》水道といった、両岸を日本領土に挟まれた海峡部は陸・海・空の警戒攻撃態勢を強固に維持し、宗谷《そうや》海峡周辺も厳戒態勢を固めることにより、中国海軍水上戦闘艦ならびに潜水艦の日本海へのアクセスを完全に遮断《しゃだん》する。

このような海峡部の封鎖には、海自の対潜哨戒機ならびに空自の警戒機とリンクした陸上自衛隊地対艦ミサイル連隊が、強力な封鎖戦力として期待される。

■封鎖する海峡部の幅（カッコ内は海峡両岸国）

宗谷海峡四五キロ（日本・ロシア）
津軽海峡下北半島一九キロ（日本・日本）
津軽海峡津軽半島二〇キロ（日本・日本）
豊後水道一四キロ（日本・日本）
関門海峡〇・六キロ（日本・日本）
対馬海峡（東《ひがし》水道）五〇キロ（日本・日本）
対馬海峡（西《にし》水道）五〇キロ（日本・韓国）

中国海軍艦艇の進入を封鎖した日本海では、海自潜水艦に対する中国軍の脅威はなくなる。

しかしながら、中国に対するトマホーク報復攻撃を実施するために展開する自衛隊水上戦闘艦にとっては、中国東北地方方面から北朝鮮上空を横切って日本海に飛来する、中国人民解放軍爆撃機から発射される対艦巡航ミサイルが脅威となる。

航空自衛隊の防空レーダーシステムと早期警戒機が、中国のミサイル先制攻撃によって全滅してしまった場合には、イージス艦による艦隊防空システムだけで中国空軍機の接近に警戒しながらトマホークを発射しなければならなくなる。

したがって、できるだけ沿岸近くの海域から、短時間のうちに連射してしまわなければならなくなる。

いずれにせよ、日本海に展開する海自艦艇からの対中報復攻撃は、東シナ海よりも格段に安全な攻撃方法ということになる。

中国でより深刻なトマホーク被害

繰り返すが、四〇〇〜五〇〇基のトマホークによる攻撃では、破壊の規模という量的な観点からはさしたる脅威を中国に与えることはできないので、効果に疑問が持たれる。しかし、「とりあえずの抑止力」としての抑止効果は、そのような量的破壊規模ではなく、決定的脆弱性に与える「打撃の質」である。

立場を変えて、東京の政治経済の中枢部が五〇〇発のトマホークによる攻撃を受けたとしよう。首相官邸全壊、防衛省庁舎A棟崩壊、防衛省庁舎B棟全壊、防衛省庁舎C棟全壊、防衛省庁舎D棟全壊、防衛省庁舎E棟半壊、中央合同庁舎第一号館全壊、中央合同庁舎第二号館崩壊、中央合同庁舎第三号館半壊、中央合同庁舎第四号館全壊、中央合同庁舎第五号館崩壊、中央合同庁舎第六号館崩壊、中央合同庁舎第七号館崩壊、日本銀行本店新館崩壊（一つの建物に三〇〜四〇基が着弾）……といった損害が与えられた場合、「たいした破壊ではなかった」で済むであろうか？

もちろん共産党一党独裁体制であり、実質的には人治主義に則《のっと》る中華人民共和国の決定的脆弱性は、民主体制で法治主義に則る日本の決定的脆弱性とは大きく異なる。しかし、上記の例のように、それぞれの国家体制にとっての決定的脆弱性を五〇〇基のトマホークで破壊されると、相当深刻な質的破壊がなされることは、日本の場合も中国の場合も差異はない。

その結果、日本においても中国においても軍事行動や外交活動は麻痺してしまい、統制のとれた軍事活動はストップしてしまう。そして、そのような軍事的意思決定機関の麻痺の度合いは、人治国家中国のほうが深刻であることは疑問の余地がない。

自衛隊の五〇〇基のトマホークによる決定的脆弱性への報復攻撃の可能性は、中国人民解放軍ならびに中国共産党指導部に対して、間違いなく抑止効果を生み出すであろう。したがって、日本が一〇〇〇億円で手にできるトマホーク戦力は、少なくとも「とりあえずの抑止力」であると、中国共産党指導部は考えるはずだ。

さらに強力な抑止力の構築には

一〇〇〇億円を投入して、自衛隊が八〇〇基のトマホークを装備することによって、本書での目的である「とりあえずの抑止力」は手に入れることができる。本書の目的はここにおいて達成されるが、日本の防衛は「とりあえずの抑止力」を手にすることによって、真の防衛のスタートラインに立ったことになる。

あくまでも「とりあえずの抑止力」を手にすることは、外敵に対する報復攻撃力がまったく存在しない、異常ともいえる国防戦力から脱却するための第一歩に過ぎないのだ。したがって、さらに抑止力を強化する努力を続けなければならない。

いうまでもなく、抑止力を強化するためには、報復攻撃力だけを強力にしていくのは得策ではない。できるかぎり受動的抑止力と報復的抑止力をバランスよく増強していくとともに、場合によっては報復攻撃力を予防的抑止力に転用する途《みち》も工夫《くふう》して、すべての形態の抑止戦力を手にしていかねばならない。

本書の目的は、「とりあえずの抑止力」を手に入れねばならない現状と、それをどのようにして手に入れるか、を論ずることにあった。したがって、「とりあえずの抑止力」を増強させて「封じ込めうる抑止力」に近づける方策に関しては、稿を改めて検討することとしたい。そのため、ここでは簡単にその概要だけを提示しておく。

「とりあえずの抑止力」を短時日で急造するためには、アメリカ製のトマホークを調達するしかない。しかし、最小限レベルとはいえ抑止効果を期待できるだけの攻撃戦力を手に入れた際には、中国や北朝鮮による対日攻撃の実施時期を遅らせることになる。このようにして得られる時間を活用して、日本は国産の対地攻撃用長距離巡航ミサイルを開発すべきである。

トマホークは、あくまでもアメリカ軍の事情によって開発されたものであり、日本が防衛のための報復攻撃に使用するには、最大飛翔距離が不足している。日本には、中国人民解放軍の対日攻撃用巡航ミサイルと同等かそれ以上の飛翔距離を持った巡航ミサイルが必要である。そして、日本の技術力のすべてを投入すれば、最大射程距離二五〇〇キロで最高巡航速度マッハ二を超える巡航ミサイルの開発に成功する可能性は十分にある。

アメリカ軍が中国や北朝鮮にトマホークを使用する場合には、軍艦に搭載して攻撃目的地沖まで遠征しなければならない。ところが、日本が報復攻撃に巡航ミサイルを使用する場合、何も海から発射する必要はない。現状ではトマホークしか手にすることができないため、本書では海自艦艇から発射するアイデアを提示したわけである。

日本が上記のような高性能長距離巡航ミサイルを製造する場合には、中国の東海10型長距離巡航ミサイルのように、艦艇からも地上移動式発射装置（ＴＥＬ）からも発射できるようにしなければならない。そうして陸上自衛隊巡航ミサイル部隊に大量に配備し、北海道から沖縄までの日本各地に分散配備する。これによって、海自艦艇だけに装塡するよりも数段、人民解放軍からの自衛隊ミサイル発射装置への先制攻撃に対する脅威を軽減することができる。

本書でも検討したように、地上を自由に動き回るＴＥＬを捕捉し撃破するのは、ミサイル駆逐艦を発見し攻撃することよりも、数倍困難なのである。

もちろん、報復攻撃用ミサイル戦力を強化することだけが、抑止力を高める手段ではない。それと並行して、本書で指摘したいくつかの受動的ミサイル防衛力強化策を実現させなければならない。また、このような装備や人員の増強以上に重要なのは、国防戦略そのものの抜本的見直しである。

しかし、上述したように、それらの戦力強化策は稿を改めて述べることにしたい。

何をおいても一〇〇〇億円で「とりあえずの抑止力」を手に入れよ――。

「封じ込めうる抑止力」に近づけるための各種抑止力の増強策、そして国防戦略そのものの大修正を行うための大前提は、一〇〇〇億円を投入して「とりあえずの抑止力」を手に入れることである。これなくしては強力な抑止力はいつまでたっても手に入らず、それほど遠くない将来に短期激烈戦争を突きつけられ、実際に戦闘を開始する前に中国の軍門に降《くだ》らなければならなくなる。または、北朝鮮から大量の弾道ミサイルが原発に降り注ぎ、福島第一原発事故の数十倍の放射能被害を受けるかもしれない。

日本は、中国と北朝鮮の多数の長射程ミサイルの脅威に直面している。とりわけ中国のミサイル戦力は、中国共産党指導部がその気にさえなれば、日本を破滅させることすら可能な程度に充実しつつある。

それに対して日本の国防当局が実施している対抗措置は、基本的に、アメリカへの核弾頭搭載弾道ミサイル攻撃阻止を想定して開発された弾道ミサイル防衛システムの導入である。たしかに、この対抗措置により北朝鮮の対日核攻撃は阻止できるかもしれないが、本書で紹介したような中国人民解放軍の短期激烈戦争には歯がたたないレベルの防衛策である。

本書の提言を入れて、わずか一〇〇〇億円を投資し「とりあえずの抑止力」を手にするか、中国語を真剣に学んで中国の属国になる準備を始めるか――選択はいとも簡単である。

北村 淳

軍事アナリスト(政治社会学博士)。アメリカ海軍アドバイザー。東京都に生まれる。東京学芸大学教育学部卒業。警視庁公安部勤務後、1989年に北米に渡る。ハワイ大学ならびにブリティッシュ・コロンビア大学で助手・講師等を務め、戦争発生メカニズムの研究によってブリティッシュ・コロンビア大学で政治社会学博士号を取得。専攻は戦略地政学ならびに海軍戦略論。軍隊の内部でフィールドリサーチを行う数少ない日本人。シアトル在住。

編著書には、『アメリカ海兵隊のドクトリン』(芙蓉書房出版)、『海兵隊とオスプレイ』(並木書房)、『米軍が見た自衛隊の実力』『尖閣を守れない自衛隊』(以上、宝島社)などがある。

講談社+α《プラスアルファ》新書 687-1 C

巡航《じゅんこう》ミサイル1000億円《おくえん》で中国《ちゅうごく》も北朝鮮《きたちょうせん》も怖《こわ》くない

北村《きたむら》 淳《じゅん》 ©Jun Kitamura 2015

2015年3月23日第1刷発行
2015年5月22日第2刷発行

発行者──── 鈴木 哲
発行所──── 株式会社 講談社
東京都文京区音羽2-12-21 〒112-8001
電話 出版(03)5395-3532
販売(03)5395-4415
業務(03)5395-3615

カバー写真──── PPS通信社
デザイン──── 鈴木成一デザイン室
本文組版──── 朝日メディアインターナショナル株式会社
カバー印刷──── 共同印刷株式会社
印刷──── 慶昌堂印刷株式会社
製本──── 牧製本印刷株式会社

定価はカバーに表示してあります。

落丁本・乱丁本は購入書店名を明記のうえ、小社業務あてにお送りください。

送料は小社負担にてお取り替えします。

なお、この本の内容についてのお問い合わせは第一事業局企画部「+α新書」あてにお願いいたします。

Printed in Japan
ISBN978-4-06-272889-8